文科生 也看得懂的
電子電路學

electronic circuits

- 本書提及的軟體及服務的版本、URL 等資訊，全部都是撰寫書稿當時的資訊。在撰寫之後可能會有所變更，敬請見諒。

- 記載於本書中的內容，僅以資訊的提供為其目的。因此，透過本書所進行的任何運用方式請在讀者本身的責任與判斷下進行。

- 關於本書的製作乃竭盡可能來正確地予以描述，唯作者或出版社其一，對於本書的內容並無進行任何保證，與內容相關之任何運用結果並不負任何責任。敬請見諒。

- 本書中所提及的公司名或產品名，分屬各公司的商標或註冊商標。

- 本書未使用 ™、®、© 這類標記。

序

準備學習「電子學」的讀者，對「電子」抱有什麼樣的印象呢？這邊先來比較「電子學」和「電路學」吧。

在拙著《文科生也看得懂的電路學》（碁峰資訊）收錄下述一節：

「電是一顆一顆的粒子，分成正電與負電。」

這是針對初學者，將電的源頭「電荷」比喻成容易理解的「一顆顆粒子」。電的源頭是帶負電荷的「電子」，與帶正電荷的「質子」。電路學會整體處理「一顆顆」的電子和質子，將推動一顆顆粒子的力量稱為「電壓」，其形成的流束稱為「電流」。在「電壓」與「電流」為漂亮線性關係的範圍內討論，就是「電路學」這門學問。多虧電路學，我們才能夠理解電線等金屬通電的性質。

另一方面，「電子」是小到超乎人類想像的微小物質，具有非常神奇的性質。在電路學，以「一顆顆粒子」就能充分理解電子的性質，但在電子學可就不同了。其實，電子具有跟「粒子」完全相反的性質──「波」。

「電子學」的技術，巧妙利用了電子在微觀世界展現的波性質。因此，「電壓」與「電流」的關係也會變得不可思議。電子學收錄的內容完全不會出現在日常生活中，所以「電子學」的內容會比「電路學」難上許多。

○ 關於本書收錄的電子學範圍

什麼樣的人會拿起本書呢？因工作需要而學習的人、單純因為有興趣的人、學生或者工學系的教職員，應該會有形形色色的人翻閱這本拙著。

在寫作本書時，筆者恪遵下述執筆方針：

- 適合初次接觸電子學的人。
- 以瞭解電路學的基本內容為前提（根據需要適時補充）。
- 網羅閱讀專業書籍前的必要知識。

因此，本書具有下述特色：

- 未網羅電子學的全部內容。
- 詳盡解說專業書籍未加以說明的部分。
- 理解本書後，能夠閱讀更專業的書籍。

考量到版面空間，以及避免前述的預設讀者接收過多資訊，本書省略了電子學書籍中的「功率放大電路」、「振盪電路」、「調變電路」、「解調電路」、「電源電路」等內容。

○ 本書的構成與閱讀方式

本書大致分成三個部分：

I. 歡迎來到電子學的世界

在第 1 章，會講述閱讀 II. 前半段所需的知識。解說理解半導體性質時必要的微觀世界法則，並仔細敘述一般入門書不會詳加說明的內容。

II. 元件的動作原理

這部分會解說使用半導體的「二極體」、「電晶體」等元件的動作原理。初學者建議按照第 2 章、第 3 章、第 4 章的順序閱讀，第 5 章和第 6 章則視需要來選擇閱讀。

第 2 章～第 6 章的內容，是裝置業者需要的知識。生產裝置（＝元件）得學習元件本身的動作原理，也就是理解材料、內部結構為何，瞭解是以什麼原理運作。如此一來，才能夠判斷需要組進什麼元件、應該如何使用元件。

III. 元件的使用方式

這部分會說明實際如何使用 II. 提到的半導體元件。

在第 7 章～第 10 章，會學習電路業者需要的知識。電路業者會組裝、使用裝置業者生產的元件。實際生產產品時，必須組裝大量的元件。電路業者需要學習各種元件的使用方式，進而利用現有的元件實現社會的需要。

本書與其他多數「電子學」書籍不同的地方有：

- 分成 II.「元件的動作原理」與 III.「元件的使用方式」來說明。
- 在 I. 詳述了說明 II.「元件的動作原理」需要的微觀世界法則。

III. 的內容在多數電子學的書籍更為充實，而 II. 的內容屬於「半導體工學」的領域。考量到初學者應該確實理解元件的動作原理，本書在 II. 的部分，特別詳述了「能帶理論」。

如同上述，本書能夠同時學到「元件的動作原理」與「元件的使用方式」。多數書籍是交叉解說這兩項內容，或者分成不同冊闡述，而本書則是將其統整為一冊，方便讀者學習。

在學習電子學之前，閱讀下一頁開始的內容有助於自身理解，直覺地想像電子學的世界。這些只是基礎知識，請各位輕鬆閱讀。

期望大家能夠透過本書更加親近電子學，進而翻閱更為詳盡的專業叢書。

山下 明

○ 不適用常識的電子學微小世界～微觀世界～

在**電子學**，元件巧妙利用了在非常微小的世界——「**微觀**」世界發生的神奇現象。在這個世界，會發生不同於我們日常生活上的現象。因此，初次接觸電子學的人，大多會感到不知所措。為了讓大家體會是在多麼微小的世界，筆者於下一頁表示了微觀的世界。

先從圖的正中央來看。我們在日常生活中體會的現象，即便是極小的水蚤游泳等，也有數米到數毫米左右的大小。在這被稱為「**巨觀**」大小的世界，牛頓等人於 18 世紀提出的「古典力學」，能夠以（就現在來說）相對簡單的理論解釋所有現象。

然而，邁入 20 世紀，隨著觀測技術的進步，暸解到鯨魚、松鼠、水蚤等所有物質，都是由最小單位「**原子**」所組成。由於這個世界非常微小，出現古典力學無法解釋的現象，於是發展出「**量子力學**」這項理論。作為解釋微小世界的有效理論，量子力學直到現在仍受到廣泛的認同。

比如，下一頁圖最下面的「**電子**」，在電子學中扮演著極為重要的角色。雖然電子蘊藏了神奇的性質，但人們透過量子力學理解了這個電子。

接著，我們來看電子學的元件大小。如同松鼠有大小隻之分，電子學中的元件也有各式各樣的大小。在下一頁的圖中，標示了具代表性元件**電晶體**與某牌智慧手機的實際大小。電晶體與智慧手機本身屬於巨觀世界的大小。這些元件是由大量**矽原子**等微觀世界的物質聚集，形成巨觀世界大小的「**晶體**」。

巧妙地將微觀世界的現象展現到巨觀世界，就是電子學元件的工作。

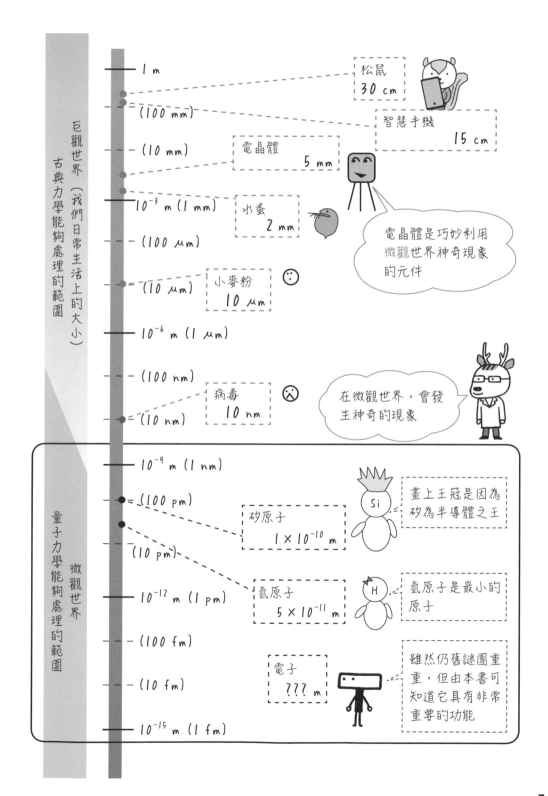

○ 電路學與電子學的不同～是線性還是非線性～

初次接觸電子學的人，或許會因名稱相似產生疑問：「電路學和電子學有什麼不同？」少有書籍詳盡提到這點，所以這邊試著舉出兩者的不同。

在**電路學**，電壓與電流之間存在著**歐姆定律**。電壓 V〔V〕跟電流 I〔A〕正相關，與比例常數的電阻 R〔Ω〕滿足

$$V = IR$$

電路學是在歐姆定律成立的範圍討論。若不是直流電路，而是交流電路的場合，導入阻抗 Z〔Ω〕就能使用與直流電路相同的法則。

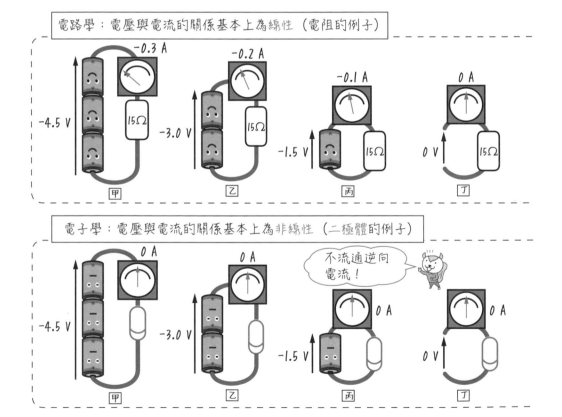

在電子學中，會出現不適用歐姆定律的元件。下面是比較電阻與二極體元件的示意圖。電阻的場合，電壓與電流的關係圖為筆直的直線。這樣的關係圖稱為線性。施加反向的電壓，會產生方向相反、大小相同的電流。

另一方面，二極體元件的情況完全不同。施加反向電壓後，不會形成電流，電壓與電流的關係圖不是筆直的直線，稱為非線性。

如同上述，電子學的電壓與電流關係極為複雜，電子電路蘊藏了許多線性關係時未出現的現象。在電子學，會學習如何透過元件引出微觀世界的現象，巧妙運用其非線性的性質。

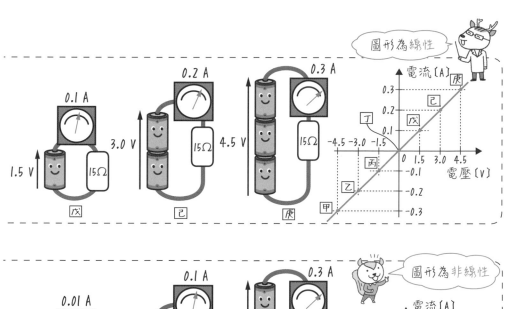

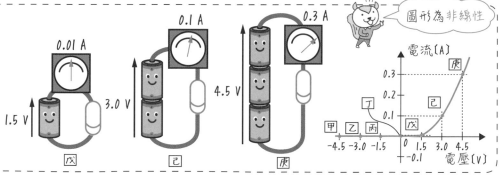

9

III. 元件的使用方式

本書各節會以★★★★★五顆星來代表難易度。這是作者的獨斷與偏見，僅供參考使用。

第 **1** 章

電子學相關的預備知識

微觀世界中的「電子」具有相當神奇的性質。在本章,會介紹這些神奇的電子性質。

1-1 ▶ 什麼是半導體？

～導體、絕緣體、半導體～「半」是什麼意思？

能夠通電的物質為**導體**（conductor），不能通電的物質為**絕緣體**（insulator），而電子電路使用的主要材料，是稱為**半導體**（semiconductor）的物質。如同其名，只有一「半」為「導體」。

如圖 1.1.1，導體能夠流通電流、半導體僅能稍微流通電流，而絕緣體沒有流通電流。

那麼，具體來說，能夠流通多少電流的為導體、不能流通多少電流的為半導體呢？嚴格來講沒有絕對的答案。圖 1.1.2 為各種物質的電阻率（長 1 m、表面積 1 m² 的電阻值），但這僅是大致區別導體、半導體、絕緣體的指標，實際上並非以電阻率來分類。

(a) 導體：能夠通電

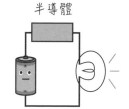

(b) 半導體：稍微能夠通電

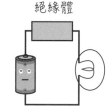

(c) 絕緣體：不能通電

圖 1.1.1：試著通電……

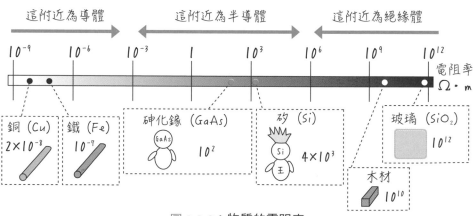

圖 1.1.2：物質的電阻率

端看能夠流通多少電流，無法明確區分導體和半導體。然而，從微觀的角度來看的話，情況就不一樣了。因為電子的狀態不同，導體和半導體在結構上具有決定性的差異。下面來介紹一個相關的現象。

比如，金屬（鐵、銅等）是導體。如圖 1.1.3，金屬的電阻會隨著溫度上升而提高，變得不容易通電。然而，如圖 1.1.4，矽、砷化鎵等半導體，其電阻會隨著溫度上升而降低。

這項差異可用物質的原子結構來解釋。

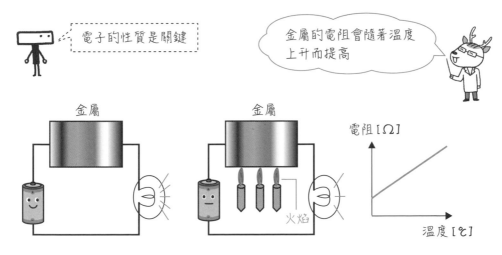

圖 **1.1.3**：金屬的溫度發生變化⋯⋯

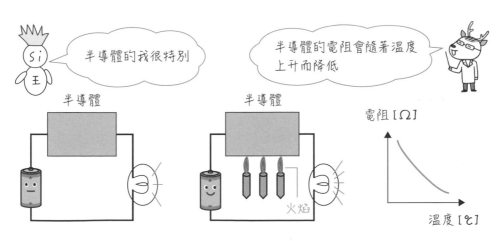

圖 **1.1.4**：半導體的溫度發生變化⋯⋯

1-2 ▶ 原子的結構
～帶正電的原子核與帶負電的電子～

所有物質，都是由無法再分解的最小單位**原子**（atom）所構成。物質的性質是由微觀世界中的原子性質複雜交錯，顯現為我們巨觀世界中的現象。這節先來介紹原子的結構。

圖 1.2.1 為碳的原子結構，但並非代表實際的形狀。原子是存在於微觀世界的物體，結構相當複雜奇異，這邊僅介紹基本的構成要素，瞭解原子中存在什麼東西。

原子的中心有著稱為**原子核**（atomic nucleus）的沉重中心部分，原子核是由帶正電荷的**質子**（proton），和不帶電荷的**中子**（neutron）所組成。

目前已經確認 100 種以上的原子，以質子數為原子序來分類。比如，圖 1.2.1 的碳原子有 6 個質子，所以原子序為 6。原子核聚集了正電荷的質子，相同符號的電荷照理來說會相互排斥，但中子將質子們結合在一塊。

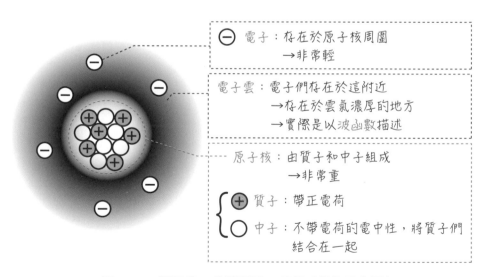

電子：存在於原子核周圍
　　　→非常輕

電子雲：電子們存在於這附近
　　　　→存在於雲氣濃厚的地方
　　　　→實際是以波函數描述

原子核：由質子和中子組成
　　　　→非常重

質子：帶正電荷

中子：不帶電荷的電中性，將質子們
　　　結合在一起

圖 1.2.1：原子序 6 的碳原子 C 結構（僅為示意圖）

中子會以非常強大的力量聚集成一個原子核。最先證明這件事的人是，獲頒諾貝爾物理獎的湯川秀樹博士。

接著是**電子**（electron），它們會在原子核周圍徘徊飛躍。存在於哪裡？是怎麼運動？電子過於渺小難以觀測，因此會以**電子雲**（electron cloud）的雲氣形式來描述。等到後面學到量子力學的**波函數**（wave function），就能清楚理解如何觀測如被雲氣包圍的神奇電子。現在可先想成「就是那樣的東西」。

每個電子帶有 $-e = -1.602 \times 10^{-19}$C 的電荷；每個質子帶有 $+e = +1.602 \times 10^{-19}$C 的電荷。電子和質子的電荷大小相同，僅正負號不一樣。原子中的質子數和電子數相同，如圖 1.2.3 整個原子會是不帶正負電的電中性。另外，中子數未必等於質子數。雖然中子與電荷量無關，但會影響原子的重量。

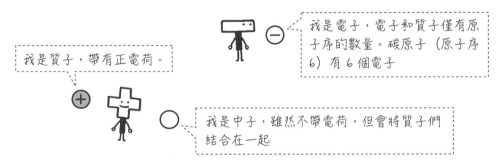

圖 **1.2.2**：原子的構成成員

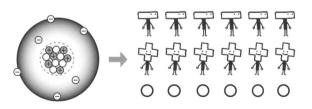

圖 **1.2.3**：整個原子會是電中性

1-3 ▶ 原子的性質
～重量、大小與觀測方式～

接著，我們以重量、大小來瞭解原子的性質。比如原子序為 1，也就是質子 1 個、電子 1 個最小的氫原子[*1]，圖 1.3.1 為原子核和電子的重量，兩者重量相差約 1900 倍，原子核非常重、電子非常輕。比喻成動物的話，相當於鯨魚和松鼠的重量差異。由此可知，**電子遠比原子核容易運動。**

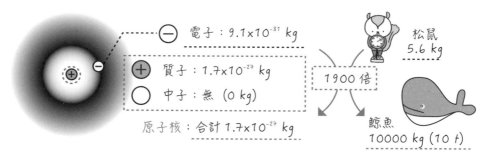

電子：9.1×10^{-31} kg
松鼠 5.6 kg

質子：1.7×10^{-27} kg
中子：無（0 kg）
1900 倍

原子核：合計 1.7×10^{-27} kg
鯨魚 10000 kg（10 t）

圖 1.3.1：想像原子序 1 氫原子 H 的重量吧

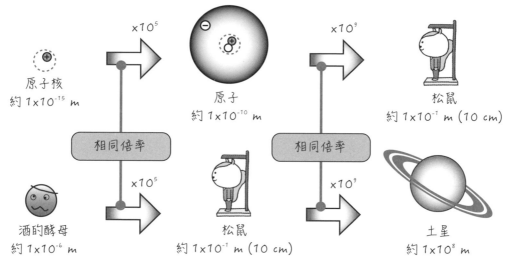

原子核 約 1×10^{-15} m ×10^5 原子 約 1×10^{-10} m ×10^9 松鼠 約 1×10^{-1} m（10 cm）

相同倍率

酒的酵母 約 1×10^{-6} m ×10^5 松鼠 約 1×10^{-1} m（10 cm） 相同倍率 ×10^9 土星 約 1×10^8 m

圖 1.3.2：想像原子序 1 氫元素 H 的大小

[*1] 普通的氫原子沒有中子，但偶爾會自然存在帶有中子的沉重氫原子，稱為重氫（heavy hydrogen）。

接著，我們來比較大小。圖 1.3.2 統整了原子核和原子的大小比較，由兩者的大小差距，應該很容易想像電子在原子核周圍大幅度運動的樣子。

圖 1.3.3 為使用光線觀測松鼠和原子，當 X 射線照射到松鼠大小的物體，X 射線會清楚區分通過與不通過，出現大幅度變化。然而，若照射到原子大小的物質，X 射線會對電子造成巨大的影響，改變電子的狀態，射出的 X 射線與原本的 X 射線有微妙的差異。我們能夠藉此推測原子的結構 [*2]。

實際上，物質的性質幾乎取決於「原子的排列」＝「電子怎麼在**晶體**中運動」，顯現為我們在巨觀世界看到的性質。換言之，想要具體理解物質的性質，只要暸解「電子的性質」與「晶體的性質」就行了。

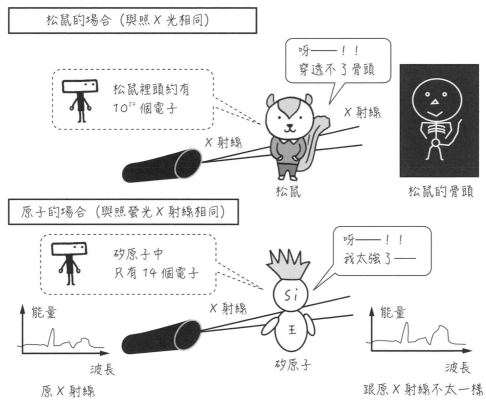

圖 1.3.3：觀測原子的結構

---

*2 施加非常強的能量時，能夠改變電子、原子核的結構，但這跟製作原子彈有關，本書不會詳加解說。

1-4 ▶ 電子的性質 (1) 波粒二象性
～世間萬物皆是波～

這節開始會解說電子的神奇性質。在本書，必須理解的電子性質有「(1)波粒二象性」、「(2)費米子的性質」。初次接觸電子的人想必一頭霧水吧，但還請各位放心，下面會依序講解這兩項性質[*1]。

首先是「(1)波粒二象性」。

波這個漢字是「三點水」加上「皮」，意指如同水面搖晃的皮(表面)，簡單講就是柔軟的東西。如圖 1.4.1，兩波相遇後會形成重疊的波。由兩波相互影響產生更高、更低的波來看，可説波與波彼此會相互干涉。這是波的基本性質──**重疊**與**干涉**。關於波的重疊與干涉，會在 **5-4** 詳細解説。

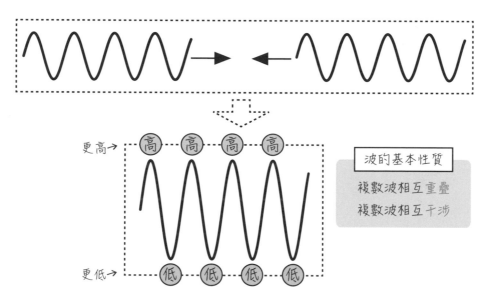

圖 **1.4.1**：波是柔軟的(相遇後會重疊彼此干涉)

[*1] 想要暸解數學式的人，(1)建議參閱「量子力學」的相關書籍；(2)建議參閱「統計力學」的相關書籍。

另一方面，**粒子**（particle）是一顆顆堅硬的物質。有認真學習電路學的人，應該還記得曾經像下面這樣學習金屬導電。

如圖 1.4.2，金屬是由許多原子組成，但帶正電荷的原子核沉重，幾

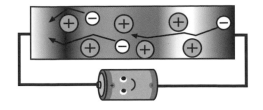

圖 1.4.2：粒子是一顆顆堅硬的物質

乎不會移動。而電子們能夠自由地運動，稱為**自由電子**（free electron）[2]。

金屬接上電池後，帶負電荷的自由電子受到正極吸引加速運動。移動的自由電子們撞上質子[3]，不會一直加速，最後穩定到對應電池電壓的固定速度。其相關的數學式，就是大家最喜歡的「歐姆定律」。

上述的說明是將電子視為粒子，也就是「一顆顆」堅硬的物質來處理。在電路學中的歐姆定律範圍，如此說明就十分充足。筆者也在《文科生也看得懂的電路學第 2 版 "只要具備國中程度" 就能輕鬆學會》，提到「電是一顆一顆的粒子」。

然而，想要說明半導體的動作原理，必須確實考慮電子的微觀性質。為此，我們得認同電子具有波和粒子兩種性質才行。電子具有波的性質，也就表示世間萬物皆是波（實際上確實如此）。這樣的雙重性質，稱為**波粒二象性**（wave-corpuscle duality）。

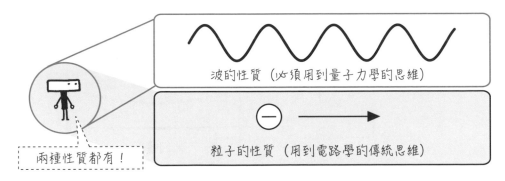

圖 1.4.3：電子同時具備「波的性質」與「粒子的性質」

---

*2　正確來說，順序應該反過來，存在自由電子而能夠導電的物質為「金屬」。

*3　正確來說，是散射（scattering）現象。

1-5 ▶ 電子的性質（2）費米子的性質
～嚴禁重婚！～

這節來介紹另一個重要的性質——電子是**費米子**（fermion）[1]。不僅止電子而已，質子、中子也被分類為費米子。作為費米子的電子，滿足「一個粒子僅有一種狀態」的包立**不相容原理**（Pauli exclusion principle）。

電子的狀態主要是以能量區分。當電子受限於原子中或者該原子大量聚集，作為波的電子會如圖 1.5.1 兩端被固定拘束。此時，兩端之間形成的波數，會如（0）、（1）、（2）……呈現整數倍。由這樣的波的性質，可知能量僅為分散的特定數值，這樣的現象稱為**量子化**。另外，分散的能量值稱為**能階**（energy level）。由圖 1.5.1 可聯想，兩端之間形成的波愈多能量愈高。

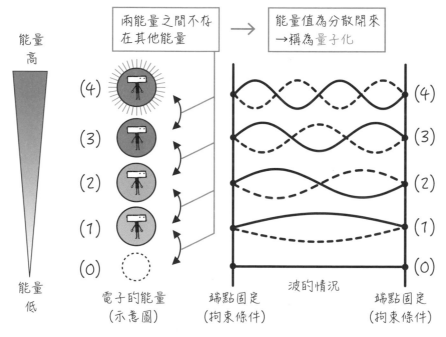

圖 1.5.1：不同能量的電子狀態

---

[1] 費米教授（Enrico Fermi）提出的概念。詳細解說可翻閱相對論性量子力學、基本粒子論等。

電子的狀態（波的情況），可由困難的**薛丁格方程式**（Schrodinger equation）求得。在後面 **1-7** 會以氫原子為例子，揭示能量愈高波數愈多，能夠容許的狀態數也會增加。

接著說明另一個與波形不同，用來區別電子狀態的**自旋**（spin）。在隧道內仔細觀測鈉燈發出的光能量，可微妙看出能量的不同狀態。這個能量的差異是，電子兩種不同的狀態，分為「向上」和「向下」的自旋。「向上」的自旋稱為「**上自旋**（spin up）」；「向下」的自旋稱為「**下自旋**（spin down）」。包含分辨自旋的狀態，可由狄拉克方程式（Dirac equation）這條超難的式子求得。

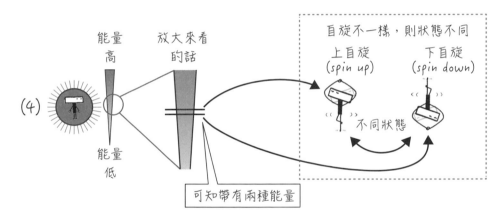

圖 **1.5.2**：不同自旋的電子狀態

根據自旋的不同，能量會有些微的差異，而一個能階對應一對上下自旋。因為不允許上下以外的自旋對，可想成電子絕對不允許重婚。圖 1.5.3 為允許狀態和不允許狀態的例子。

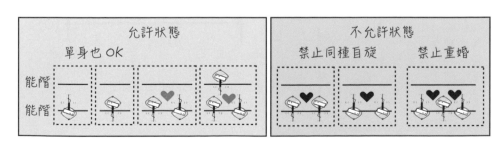

圖 **1.5.3**：允許狀態與不允許狀態的電子組合

1-6 ▶ 大量電子的處理方式
～以分布來討論～

大致瞭解電子的性質後，本節開始介紹大量電子的處理方式。在固體中，比如石墨（碳）1 g 約有 10^{23} 個電子，也就是存在著大量的電子，所以不需要知道全部能階中的電子情況，只要瞭解哪個能階中分布多少電子就足夠了。電子的分布稱為**費米分布**（Fermi distribution）[1]，形式如圖 1.6.1 所示。

將位於能量 E 的電子個數記為費米分布函數 $f(E)$，或者直接將此函數本身稱為費米分布。溫度為絕對零度（-273℃）時，電子會先進入能量低的能階，當所有電子都填入能階後，更高的能階會是沒有電子的狀態。此時的情況，如圖 1.6.1（a）的關係圖。

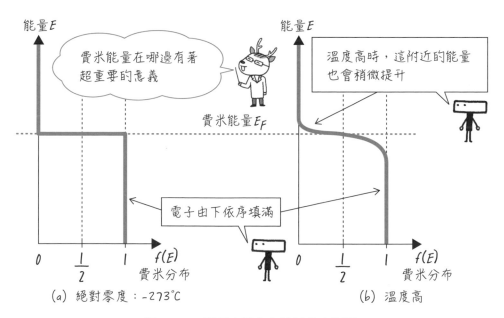

圖 1.6.1：電子大量存在時以分布討論

---

[1] 由費米教授和狄拉克教授共同提出的概念。詳細推導請參閱「統計力學」。

若 $f(E)$ 的值為 1，則填入電子；若為 0 的話，則沒有電子。

如同上述，在溫度為絕對零度時，明確區分了存在電子的能階與不存在電子的能階。然而，當電子獲得溫度的能量，則比已經填入電子最高能階還要高的地方也會分布電子，如圖 1.6.1（b）所示。

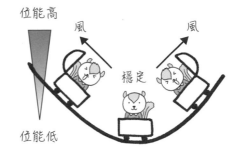

圖 1.6.2：風的力量使得穩定的地方逐漸不清楚

這邊用如圖 1.6.2 附有帆的推車來討論。若推車沒有從外部獲得能量，會穩定地待在谷底。但是，當刮起一陣強風給予推車能量，推車會從谷底移動到位能高的地方。接著推車返回谷底，對應獲得的能量再升高到另一側的高位置。推車在兩側高能量的位置反覆往返，穩定的地方變得不清楚。

電子也是相同的情況，當獲得溫度的能量，能夠分布到高能量的位置。高能量的電子增加，則低能量的電子相對減少，分布變得模糊（圖 1.6.1（b））。溫度愈高，獲得的能量愈多，使得電子的分布擴大、變得愈加模糊。

另外，電子具有高能量時，波的狀態也會出現比較多的擺動（參見圖 1.5.1）。圖 1.6.2 高能量處的松鼠表情顯得興奮，就是因為這個緣故。

費米分布函數的值恰好為 1/2 的能量狀態，稱為**費米能階**（或者**費米能量**）。如圖 1.6.1，這個能量狀態表示電子能夠填入的最高能階。電子大量存在時，費米能階僅表示電子填滿到這附近，並非實際描述電子的能階。費米能階上面有無填入電子的能階，是區別物質為絕緣體、半導體、導體的超重要指標。

1-7 ▶ 原子中的電子們
～氫原子是基礎～

目前已經知道世上約有 100 種的原子，並以**原子序**（atomic number）分類這些原子。原子中的電子數和質子數相同，故以該數作為原子序[*1]。具體來說，如圖 1.7.1 氫的原子序為 1、氦的原子序為 2……。另外，質子數相同的原子（中子數可不一樣）稱為**元素**（element），從過去就習慣使用**元素符號**表示。

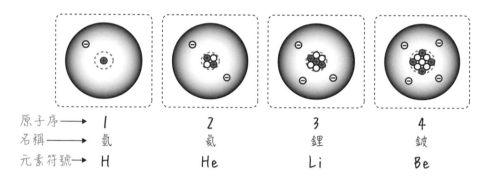

原子序 ⟶	1	2	3	4
名稱 ⟶	氫	氦	鋰	鈹
元素符號 ⟶	H	He	Li	Be

圖 1.7.1：原子序的意義

如 **1-5** 所述，原子中電子帶有的能量為分散的特定數值。比如，電子數最少（僅有 1 個）的氫原子，求解薛丁格方程式[*2]可得如圖 1.7.2 的能階。僅只 1 個電子就如此複雜，存在許多不同名稱的能階。方框圍起的群體中，由下依序標號**主量子數**（principal quantum number）1、2、3……。主量子數每增加 1，群體中也會增加一種能階，能階分別取名為 s、p、d、f、g、h、i、j、k……[*3]。

---

*1　結合質子的中子，數量無法以簡單的法則決定。

*2　此計算非常困難，想要進一步瞭解的人，請參閱量子力學專業書籍中的「氫原子的波函數」、「中心力位能」。

*3　由原子照射到 X 射線的三種光模樣取名：s 為 sharp（尖銳的）、p 為 principal（主要的）、d 為 diffuse（寬廣的）。f 的 fundamental（基本的）後，按照英文字母順序命名。能階的數量稱為「角量子數（angular quantum number）」。

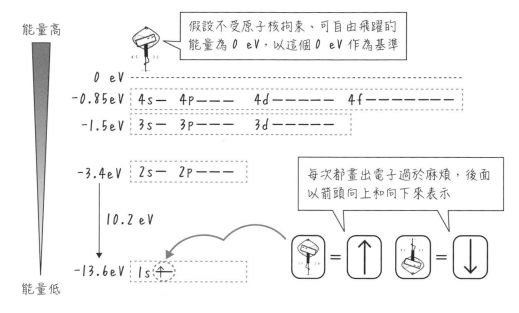

圖 **1.7.2**：氫原子的能階

原子中各電子能階的狀態，稱為**軌域**（orbital）。比如，圖 1.7.2 最下面能階的主量子數為 1，此軌域稱為「1s 軌域」。因為氫原子的電子僅有 1 個，最低能量的 1s 軌域存在 1 個電子會是最穩定（能量最低）的狀態。

能量的單位是 J（焦耳），但在微觀世界會配合電子帶有的電荷－ $e =$ － 1.602 ×10^{-19} C，經常使用 eV（電子伏特）。定義從 1 V 電位帶走 1 個電子需要 1 eV 的能量，換算成焦耳單位為 1 eV ＝ 1.602 ×10^{-19} J。如圖 1.7.2，氫原子 1s 軌域的能階為－ 13.6 eV。這是以從該處提升＋ 13.6 eV 的能量（0 eV），原子核無法拘束電子的高能能階為基準。

1s 軌域的能階為－ 13.6 eV，2s 軌域的能階為－ 3.4 eV，3s 軌域的能階為－ 1.5 eV……間隔愈來愈窄。以 X 射線等光給予原子能量後，反射光會帶有對應能階差的能量。我們可透過分析反射光瞭解原子的結構。

接著，來看原子序更大的原子。圖 1.7.3 為絕緣體的硫（S），圖 1.7.4 為半導體的矽（Si），圖 1.7.5 為金屬的鋰（Li）。這三個物質分別為絕緣體、半導體、導體的理由，會在 **1-10 ～ 1-12** 以能帶理論解釋。這邊僅圖示各原子的電子為什麼樣的狀態。

圖 1.7.3 的硫帶有 16 個電子（原子序 16）。因為存在複數電子，所以和氫原子的情況不同。雖然原子核具有 16 個質子，但靠近原子核的軌域電子會削弱原子核的正電荷，遠處軌域的電子受到原子核電荷的影響減弱。換言之，離原子核愈遠的軌域電子，會覺得自己離得更遠，在該狀態下的能量（能階）更高。軌域是從原子核以 s、p、d、f、……的順序分布 [*4]，各軌域的能階會如圖 1.7.3 依序排列。其他原子的軌域分布也是相同的情況。圖 1.7.3 的硫，16 個電子會由下依序填滿軌域。

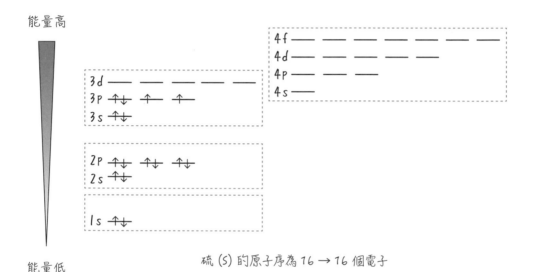

圖 1.7.3：硫（絕緣體）的電子狀態

另外，硫的 3p 軌域會填入 4 個電子，其中一個能階為 ↑↓ 的自旋對，剩餘兩個能階都僅有一個電子。雖然圖 1.7.3 中兩者皆為 ↑，但其實 ↑ 或者 ↓ 都可以。

圖 1.7.4 的矽原子序為 14、圖 1.7.5 的鋰原子序為 3，電子同樣是由低能階開始填入。

[*4] 由薛丁格方程式求得波函數，能夠瞭解氫原子的軌域分布情況，但計算過於艱澀，本書就省略這部分。

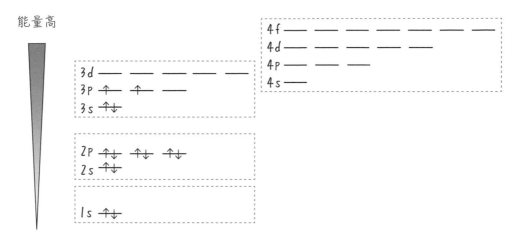

矽（Si）的原子序為 14 → 14 個電子

圖 **1.7.4**：矽（半導體）的電子狀態

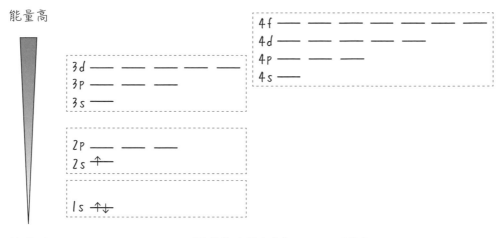

鋰（Li）的原子序為 3 → 3 個電子

圖 **1.7.5**：鋰（金屬）的電子狀態

1-8 ▶ 週期表
～統整元素性質的血汗與淚水結晶～

過去偉大的教授們將元素按照原子序排列，發現其中的規律性。經由多數科學家們的努力，以週期統整元素性質的表格，完成圖 1.8.1 的**週期表**（periodic table）。週期表的每一縱列稱為「族」，每一橫行稱為「週期」。從左上到右下按照原子序排列，性質接近的元素會配置到相同的縱列。換言之，同「族」的元素具有相似的性質。比如，第 18 族的 He、Ne、Ar 等「惰性氣體」，是在一般溫度、氣壓下性質穩定的氣體。

在圖 1.8.1，金屬元素以實線的方框表示，非金屬（絕緣體或者半導體）元素以**虛線的方框**表示。除了鐵、銅等常見的金屬之外，還有許多其他金屬元素。為了理解元素為金屬還是非金屬，請繼續閱讀到 **1-10** 的能帶結構。

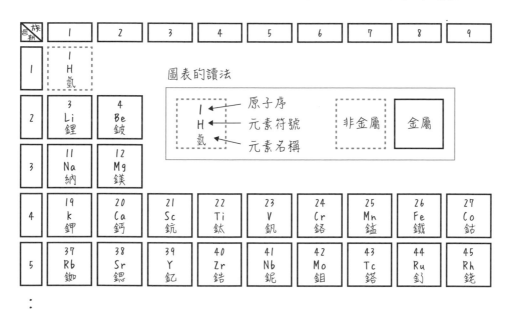

圖 1.8.1：週期表

圖 1.8.1 的週期表僅收錄到第 5 週期的元素，但一般會列到第 7 週期。電子電路不會用到原子序過大的元素，所以這邊省略這個部分。原子序愈大，原子核當然愈重，容易發生金屬分裂釋出放射線、大能量，通常用於核能反應。就討論半導體的動作原理來說，圖 1.8.1 程度的範圍就足夠了。

在這邊，先記住週期編號愈大的元素愈重，以及同族元素具有相似的性質。

另外，製作此週期表時的重點是電子狀態。比如，圖 1.7.4 的矽（Si）主量子數最大的能階狀態（專業上稱為「價電子的狀態」、「最外層軌域」等），3s 軌域有 2 個電子、3p 軌域有 2 個電子。跟矽同族的鍺（Ge）電子狀態，4s 軌域有 2 個電子、4p 軌域有 2 個電子，具有極為相似的電子狀態。像這樣將相似性質的元素配置為同族的表格，就是週期表。

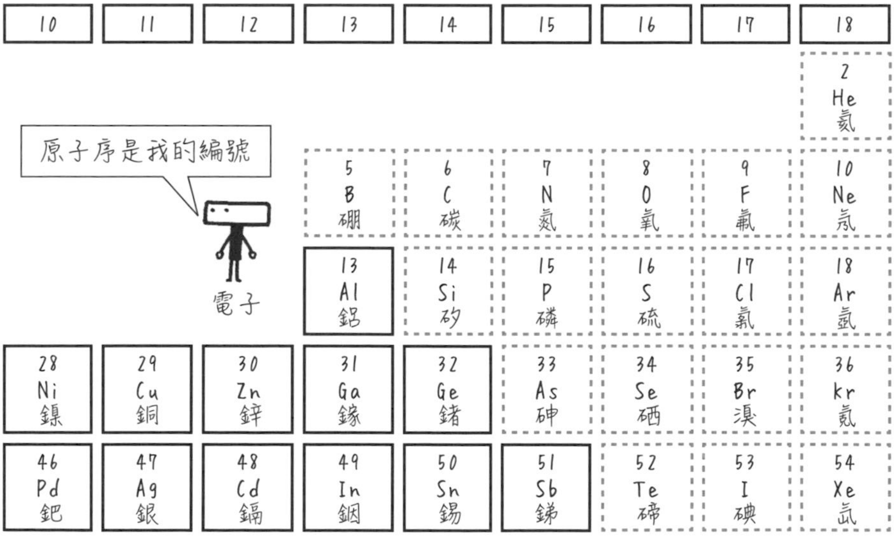

1-9 ▶ 晶體
～結合形成晶體～

半導體元件是，原子大量聚集而成的**晶體**（crystal）。所謂的晶體，是原子週期性排列而成的固體。比如，圖 1.9.1 的碳結晶後形成石墨或者鑽石。即便是由相同物質構成，性質也會因晶體結構而有巨大的不同。

原子形成晶體，是因為原子間產生**鍵結**（bonding）。首先，先來說明最簡單的氫分子 H_2。氫分子 H_2 是由兩個氫原子 H 鍵結，雖然平時為氣體狀態，但因為容易說明鍵結，這邊就以氫分子為例子。圖 1.9.2 為兩個氫原子的 1s 軌域，求解薛丁格方程式可知，比起各別填入 1s 軌域，氫原子各提供 1 個電子填入單一軌域，能量比較低、狀態較為穩定。這是原子相互鍵結的原理。

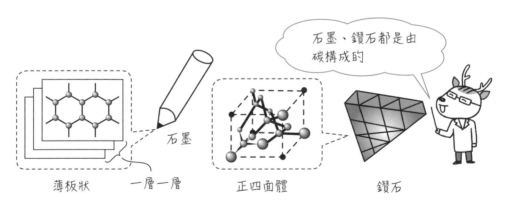

石墨、鑽石都是由碳構成的

薄板狀　一層一層　　　正四面體　　　鑽石

圖 1.9.1：碳原子改變排列方式後⋯⋯

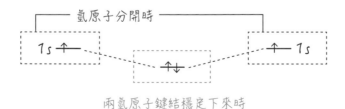

氫原子分開時

兩氫原子鍵結穩定下來時

圖 1.9.2：氫分子 H_2 的鍵結

接著，以原子排列與鑽石相同的矽 Si（跟碳 C 在週期表上同為第 14 族）為例，說明鍵結的方式。請回想圖 1.7.4 所示的矽電子狀態來看圖 1.9.3，能量最高的 3s 軌域和 3p 軌域（最外層軌域）共有 4 個電子。當矽大量聚集後，3s 軌域和 3p 軌域會如圖 1.9.3 混合形成軌域。這稱為 sp³ 混成軌域，4 個能階會分別形成鍵結。跟氫分子時一樣，1 個鍵結需要 2 個電子。求解薛丁格方程式可知，矽原子也會如圖 1.9.4 的形式鍵結。

矽晶體因對稱性高具有優異性能，且容易大量取得，所以經常作為半導體的材料使用。因此，儘管價格便宜，卻被稱為「半導體的王中之王」。

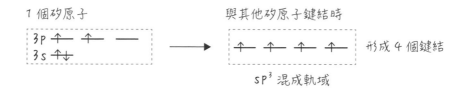

圖 1.9.3：矽電子形成的 sp³ 混成軌域

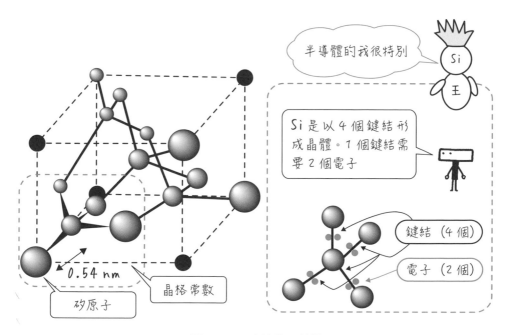

圖 1.9.4：矽的鑽石結構

1-10 ▶ 能帶理論（1）金屬
～明確區別金屬、絕緣體、半導體吧～

能帶理論（band theory）是將物質中的電子按照能量重新排序，調查能否通電的方法。重新排序形成的圖稱為**能帶結構**（band structure），將能量的集合想成帶狀物（band）來討論。

這節會以電子的狀態來解釋鋰為金屬。

如圖 1.10.1，鋰是原子序 3 的元素。圖 1.10.2（a）為一個鋰的電子狀態，3 個電子由下依序 1s 填入 2 個、2s 填入 1 個。當這個鋰原子大量聚集為人眼能夠看到的晶體時，會形成如圖 1.10.2（b）的電子狀態。1s、2s、2p 等相同軌域之間重合，但為了滿足費米子的性質（相同狀態＝能階上沒有電子。參見 **1-5**），會稍微錯開形成能階。將這樣大量的能階視為帶狀物（band）來觀測，調查能量的情況、判斷是否能夠通電的，就是**能帶理論**。

鋰的場合，1s 軌域的集合為完全填滿電子的狀態。如同受到原子核拘束的束縛電子，裡頭會像罐頭一樣呈現塞滿無法動彈的狀態。而 2s 軌域僅有 1 個電子，所以 2s 的集合只有一半填有電子。換言之，2s 有一半以上是缺少電子的狀態。如同自由電子，只要稍微從電池獲得能量，就會躍升上面的空能階，變得能夠自由地移動。

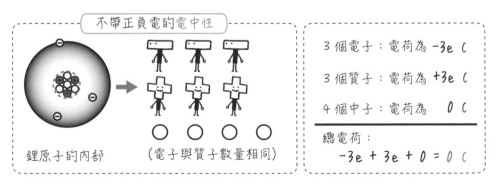

圖 **1.10.1**：鋰（原子序 3 的金屬）的電子狀態

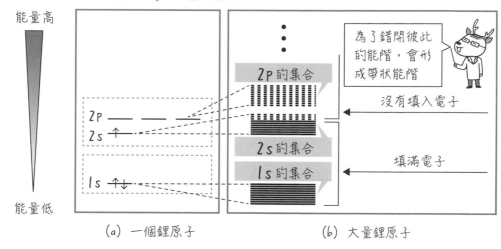

一個鋰原子 ➡ 大量鋰原子

能量高

能量低

為了錯開彼此的能階，會形成帶狀能階

沒有填入電子

填滿電子

2p 的集合

2s 的集合

1s 的集合

2p

2s

1s

（a）一個鋰原子　　　（b）大量鋰原子

圖 1.10.2：「一個鋰原子」與「大量鋰原子」的電子狀態

圖 1.10.3（a）為鋰（Li）接上電池的情況。原子序為 3 的鋰具有 3 個電子，其中 2 個受到原子核拘束、1 個能夠自由移動。受到原子核拘束不能自由移動的電子，稱為**束縛電子**（bound electron）；不受拘束能夠自由移動的電子，稱為**自由電子**（free electron）。

圖 1.10.3（b）為將電子按照能量重新排序。束縛電子受到原子核拘束，正電（原子核）和負電（束縛電子）相抵形成穩定狀態，位於能量低的地方。自由電子遠離原子核，位於能夠自由運動的高能量處。如圖 1.10.2（b）、圖 1.10.3（b）描述電子能量狀態的結構，稱為**能帶結構**。

前面以鋰為例子，使用能帶結構解釋為何能夠通電。其他金屬能夠通電的理由也相同，這邊以圖 1.10.4 一般金屬的能帶結構，來說明相關用語。

填滿束縛電子的能階，稱為**價帶**（valence band）。因為緊緊塞滿電子，價帶的電子無法自由移動。在價帶上面，會依原子性質、晶體形狀形成不存在電子能階的場所，因電子無法存在稱為**禁帶**（forbidden band）或者**禁止帶**。禁帶的寬度稱為**能隙**（energy gap）或者**帶隙**（band gap）[*1]，絕緣

---

*1　不同年齡世代的人，在共通話題、用字遣詞、流行曲上感到時代差異的「代溝（generation gap）」，跟這個「gap」是相同的用詞。

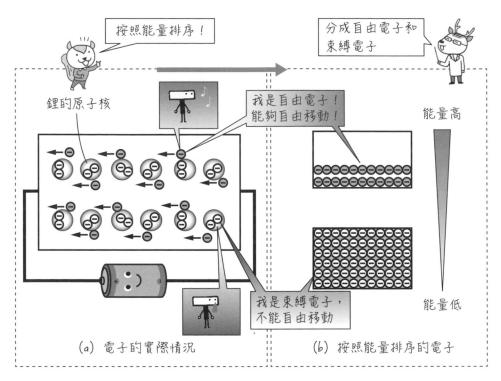

按照能量排序！

分成自由電子和束縛電子

鋰的原子核

我是自由電子！能夠自由移動！

能量高

我是束縛電子，不能自由移動

能量低

(a) 電子的實際情況

(b) 按照能量排序的電子

圖 1.10.3：鋰（原子序 3 的金屬）的電子狀態與能帶結構

體、半導體的禁帶寬度很重要。禁帶上面為**導帶**（conduction band），存在電子能夠自由移動的能階。如圖 1.10.3，能量最高的電子上面僅有空能階，電子從電池獲得能量後能夠輕易移動。因為存在負責傳導電力（導電）的電子，所以取名為「導帶」。

回來看圖 1.10.4，討論費米能階位於什麼地方。如同 **1-6** 的說明，費米能階表示電子從低能量填入時能夠填到的最高能階。圖 1.10.4 的場合，導帶中存在費米能階，可知該處的電子能以小能量躍升至上面的能階自由移動。換言之，**若費米能階上面緊接著可填入電子的空能階，則該物質為能夠通電的金屬**。

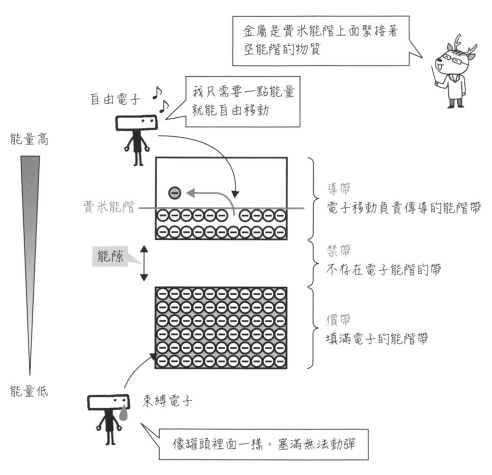

圖 1.10.4：金屬的能帶結構

1-11 ▶ 能帶理論（2）絕緣體
～明確區別金屬、絕緣體、半導體吧～

絕緣體的能帶結構如何呢？這邊以硫為例來討論。圖 1.11.1（a）為原子序 16 的硫連接電池的情況，電子受到原子核束縛，沒有自由電子無法形成電流。從電子按照能量排序的圖 1.11.1（b），也可看出導帶中沒有電子。換言之，由（b）的能帶結構可知硫是絕緣體。此時，費米能階（電子能夠填入的最高能階）位於價帶上，上面緊接著禁帶，所以即便電子獲得能量也無法離開價帶，會像罐頭一樣塞滿無法自由移動。

但是，若以電池給予超過禁帶寬度、能隙的強大能量，價帶電子會如圖 1.11.2 躍過禁帶至導帶，瞬間變得能夠通電。這稱為**季納崩潰（Zener breakdown）**，是絕緣體遭受破壞時的現象。

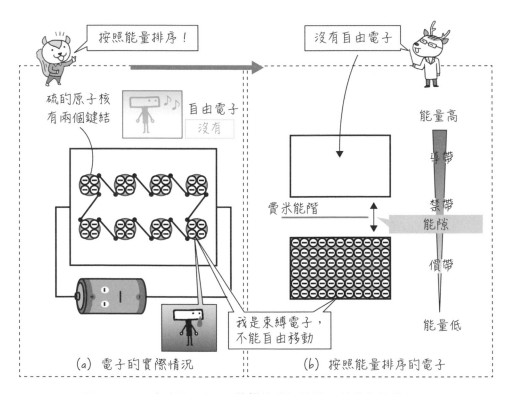

圖 1.11.1：硫（原子序 16 的絕緣體）的電子狀態與能帶結構

圖 1.11.3 解釋了為何硫的能帶結構會是圖 1.11.1（b）。圖 1.11.3（a）為一個硫的能量狀態，具有 16 個電子。如圖 1.11.1（a），硫會分別釋出 1 個電子與鄰近的原子核形成兩個鍵結。鍵結的電子是能量最高的 3p 電子，而更上面的 3d 能階位於能量更高的地方。因此，如圖 1.11.3（b），3s、3p 與 3d 之間產生間隙。不僅限於硫，**價帶上形成電子無法移動能隙的物質為絕緣體**。

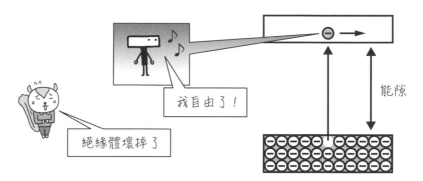

圖 1.11.2：季納崩潰

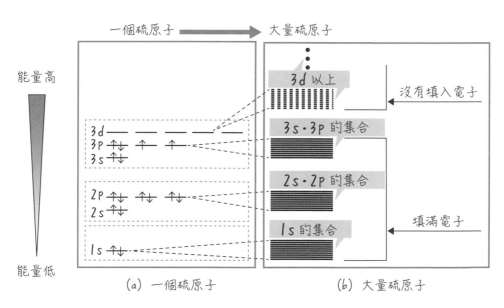

圖 1.11.3：「一個硫原子」與「大量硫原子」的電子狀態

1-12 ▶ 能帶理論 (3) 半導體
～明確區別金屬、絕緣體、半導體吧～

如 **1-10** 所述,金屬是沒有能隙、許多電子能夠自由移動的物質;如 **1-11** 所述,絕緣體是有能隙、電子無法自由移動的物質。因此,金屬能夠通電,而絕緣體無法通電。

這節來說明介於兩者之間的半導體。雖然說介於兩者之間,但其能帶結構與絕緣體相似。圖 1.12.1 為兩者能帶結構的比較,圖 1.12.1(a)是圖 1.11.1 介紹的硫能帶結構。而矽(Si)、鍺(Ge)等半導體物質,是指如圖 1.12.1(b)能隙比絕緣體還要窄的物質。

能隙多窄能夠稱為半導體呢?嚴格來講沒有絕對的答案。但是,如圖 1.12.2,能隙狹窄的話,一部分的電子在常溫下,也就是正常使用的溫度下給予熱能,能夠飛躍能隙的能量差。

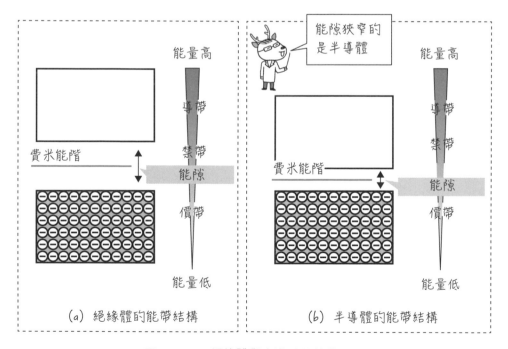

圖 1.12.1:絕緣體與半導體的能帶結構

換言之，有能隙但仍具有少許電子可傳導電力的物質為半導體。由此可知，如圖 1.12.3，金屬會隨著溫度升高，原子核的熱振動變大，變得不容易通電（溫度愈高電阻愈大）。而如圖 1.12.4，半導體會隨著溫度升高，可自由移動的電子增加，變得容易通電（溫度愈高電阻愈小）。

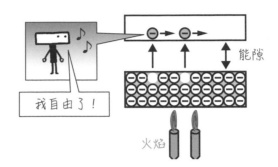

圖 1.12.2：半導體的電子稍微能夠移動通電

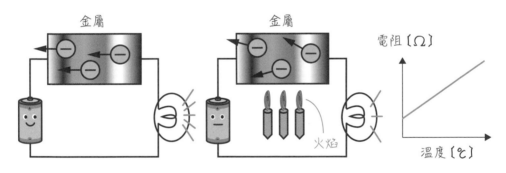

圖 1.12.3：金屬的溫度愈高，電阻愈大

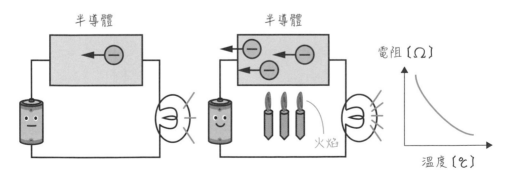

圖 1.12.4：半導體的溫度愈高，電阻愈小

第 1 章　練習題

【1】電子兼具「波的性質」與「粒子性質」嗎？

提示　參見 **1-4**

【2】能夠通電的「金屬」與不能通電的「絕緣體」，兩者的能帶結構有何不同？

提示　參見 **1-10**、**1-11**

【3】為什麼溫度上升時，半導體的電阻會變小？

提示　參見 **1-12**

練習題解答

【1】兼具兩種性質。

【2】金屬沒有能隙；絕緣體具有能隙。

【3】因為半導體的能隙比較狹窄，一部分的價帶電子會因溫度上升，獲得躍升至導帶自由移動的能量。這些能夠移動的電子負責流通電流，使得電阻下降。

COLUMN　不是思考「什麼物質是金屬？」而是想「什麼時候是金屬？」

　　在第 1 章，簡單介紹了能帶理論，說明幾種物質為金屬、絕緣體、半導體的理由。這邊需要注意的是，「什麼物質是金屬？」的想法是錯誤的。

　　我們無意之中會說「銅是金屬」、「硫是絕緣體」，傾向認為這些物質具有如此性質。然而，如眾所皆知，由週期表元素組成的 H_2O 在高溫時為氣體（水蒸氣），在中間溫度時為液體（水），在低溫時為固體（冰）。同一物質像這樣因溫度、壓力等周圍環境，展現迥異性質的變化，稱為「相變（transition）」。

　　物質能否通電，其實也受溫度、壓力影響。換言之，除了構成物質的原子之外，能帶結構也會受到周遭環境而改變。因此，重要的不是思考「什麼物質是金屬？」而是要想「什麼時候是金屬？」

第 2 章

二極體

II. 元件的動作原理

二極體是電子學中最為基本的元件。雖然僅是結合兩種半導體，但想要暸解二極體的性質，也得理解其他元件的性質才行。

2-1 ▶ 摻雜
～注入施體、受體～

在講解二極體的結構之前，必須先説明半導體的製作方式。

製作半導體時，需要進行**摻雜**（doping）。聽聞 doping，會讓人聯想運動禁忌等的禁藥投與，但在半導體世界的 doping 是指注入正電荷、負電荷。

> ▶【摻雜】
> 在本質半導體中注入正負電荷。

如 **1-12** 的説明，矽（Si）等半導體（單體）因具有能隙，所以不太能夠通電。於是，我們會注入其他物質來增進電力的流動。

如圖 2.1.1（a）半導體（單體）中純度極高[*1]，不太能夠通電的純正半導體，稱為**本質半導體**（intrinsic semiconductor）。在本質半導體中注入其他物質的過程，稱為摻雜。摻雜後負電荷能夠移動的半導體，稱為 n 型半導體；正電荷能夠移動的半導體，稱為 p 型半導體。

在圖 2.1.1（b）的 n 型半導體，因負電荷可移動而能夠通電。利用摻雜製成 n 型半導體時，注入的物質稱為**施體**（名稱由來參見 **2-2**）。

在圖 2.1.1（c）的 p 型半導體，因正電荷可移動而能夠通電。利用摻雜製成 p 型半導體時，注入的物質稱為**受體**（名稱由來參見 **2-4**）。

[*1]　指除了矽以外，幾乎未含垃圾、塵埃、灰塵的純正矽單體。以現代技術，能夠實現 99.99999999% 以上的純度。

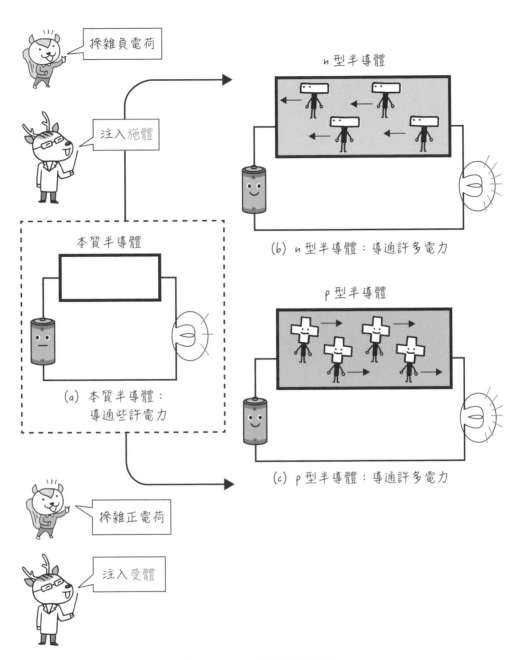

圖 2.1.1：本質半導體的摻雜

2-2 ▶ n 型半導體的形成方式
～由施體獲得 1 個電子～

> **▶【n 型半導體】**
> 由施體獲得電子，以電子作為載體導通電力。

注入本質半導體的物質，稱為**雜質**（impurity）。製作 n 型半導體時，帶有負電荷的雜質為**施體**。下面來說明其名稱的由來。

先來看未含雜質本質半導體的晶體結構。圖 2.2.1 為矽晶體形成方式的簡易示意圖。如 **1-9** 的說明，實際上是鑽石結構，但這邊以圓 ● 表示電子、以一條粗線 — 表示鍵結。圖 2.2.1（a）為矽使用 4 個 [*1] 電子鍵結的情況，圖 2.2.1（b）為連接許多鍵結形成結晶的情況 [*2]。

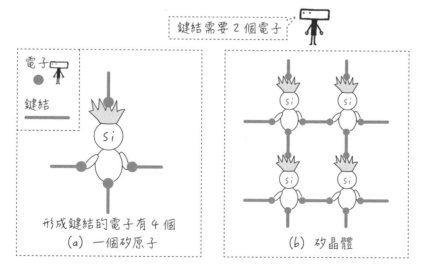

圖 **2.2.1**：矽形成方式的示意圖

[*1] 3s 軌域、3p 軌域上共有 4 個電子。

[*2] 實際上是鑽石結構，圖 2.2.1（b）為簡易的鍵結示意圖。

在圖 2.2.1（b），所有電子都發揮了鍵結的功能，沒辦法移動來導通電力。這是本質半導體幾乎不通電的理由。

在如圖 2.2.1 的本質半導體中，試著摻雜電子數多出 1 個的磷（P：原子序 15）。由於磷比矽多出 1 個電子，能夠形成鍵結的電子也多一個，可形成 5 個鍵結（圖 2.2.2（a））。在矽晶體中摻雜少許磷的話，如圖 2.2.2（b）磷的位置會多出 1 個電子。多出來的電子可在晶體中自由移動，發揮導通電力的功能。

如圖 2.2.2 的磷，提供本質半導體電子的物質，稱為**施體**（donor：提供者）。內臟移植時，提供臟器的捐贈者也稱為 donor。作為施體的磷摻雜前為電中性，但提供電子後，本身會變成帶正電。另外，如圖 2.2.2，電子在半導體中扮演導通電力的角色，稱為**載體**（carrier：搬運者）。**n 型半導體的載體是電子。**

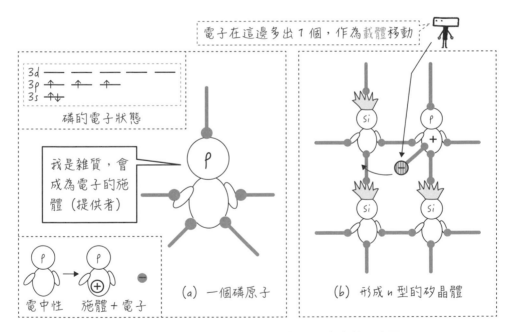

圖 **2.2.2**：n 型半導體（矽＋磷）形成方式的示意圖

2-3 ▶ n 型半導體的能帶結構
～施體能階緊接在導帶下方～

? ▶【n 型半導體的能帶結構】

由施體獲得電子，以電子作為載體導通電力。

在 **2-2**，圖解說明了 n 型半導體順暢導通電力的機制。這節試著從更專業的能帶結構來理解。

圖 2.3.1（a）為純正矽晶體的鍵結情況。在純正矽晶體中，最高能階 3s 和 3p 的 4 個電子全都用於鍵結上（sp³ 混成軌域。參見 **1-9**）。因此，即便想以電壓的力量驅動電子，所有電子都用於鍵結而動不了，無法形成電流。

圖 2.3.1（b）為以能帶結構說明這件事情的示意圖。價帶的電子表為 1s、2s、2p、3s、3p 的電子（參見圖 1.7.4）。矽晶體因鍵結形成穩定的狀態，sp³ 混成軌域的能階會是穩定的低能量。

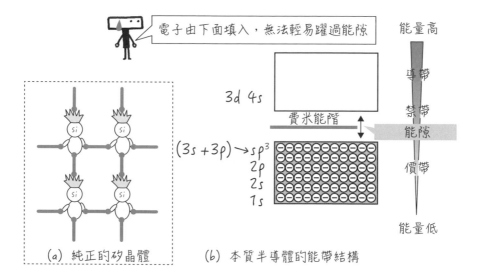

圖 **2.3.1**：本質半導體（矽）的晶體情況與能帶結構

與更上面沒有電子的 4s、3d 軌域（導帶），產生能量上的落差，形成能隙（禁帶）。因為能隙的關係，純正矽晶體（本質半導體）無法導通電力。

圖 2.3.2（a）為注入施體形成 n 型的矽晶體情況。施體提供的電子，可藉由電壓的力量移動形成電流。圖 2.3.2（b）為以能帶結構說明這件事情的示意圖。作為施體的磷（P：原子序 15）提供的電子，由於和鍵結沒有關係，會形成完全不同的能階。施體提供的電子能階，稱為**施體能階**（donor energy level）。添加磷的場合，施體能階緊接在導帶下方。施加電壓給予能量後，施體能階的電子能夠輕易躍升至沒有電子的能階（導帶），作為載體流通電流。

本質半導體的費米能階，位於「價帶最上方」與「導帶最下方」的正中間附近。形成施體能階後，n 型半導體的費米能階會出現在「施體能階」與「導帶最下方」的正中間附近。

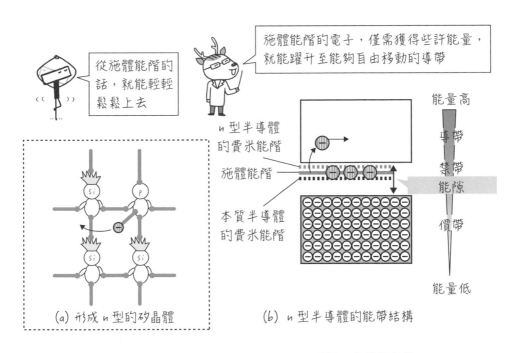

（a）形成 n 型的矽晶體　　　（b）n 型半導體的能帶結構

圖 2.3.2：n 型半導體（矽＋磷）的晶體情況與能帶結構

2-4 ▶ p型半導體的形成方式
～電子不足 1 個～

▶【p型半導體】

受體獲得電子，產生電洞移動。

製作 p 型半導體時，會如圖 2.4.1 摻雜缺少 1 個電子的雜質。圖 2.4.1（a）的硼原子序為 5，2s 和 2p 軌域上有 3 個電子，比矽（4 個電子）少了 1 個電子。

圖 2.4.1（b）為矽晶體摻雜硼的情況。因為硼的存在，電子不足 1 個。於是，硼會獲取電子而帶負電，填補不足的電子。流失電子的地方會帶正電荷，形成空洞狀態，所以稱為**電洞**（hole：孔洞）、**正孔**（帶正電荷的孔洞）。電洞可在晶體中自由移動，發揮導通電力的功能。由此可知，**p 型半導體的載體為帶正電荷的電洞**。

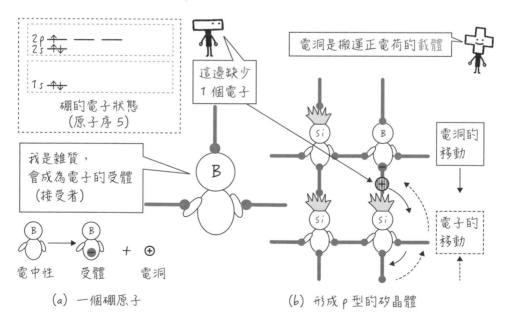

（a）一個硼原子　　　　　（b）形成 p 型的矽晶體

圖 2.4.1：p 型半導體（矽＋硼）的情況

如硼原子獲取電子形成電洞的物質，稱為**受體**（acceptor：接受者）。作為受體的硼在摻雜之前為電中性，但獲取電子形成電洞後，會變成帶負電荷。

圖 2.4.2 使用了椅子解釋電洞導通電力的機制。如同（甲），假設電子坐在許多椅子上，僅有 1 張椅子是空的（形成電洞）。接上電池後，電子會被吸引到正極，如同（乙）→（丙）空椅子看起來像是往左移動。這樣一連串的流動，可如（丁）想成正電荷向左移動，所以可說**電洞帶有正電荷** [1]。

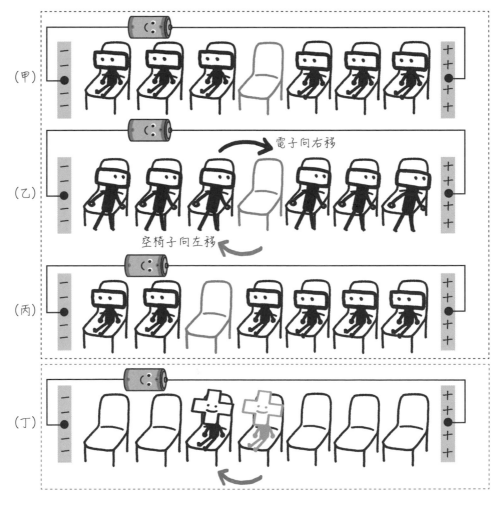

圖 **2.4.2**：電洞的移動方式

---

[1] 試著在（丙）的所有椅子，全部加上正電荷。坐有負電荷的地方加上正電荷會變成空椅子，原本為空椅子的地方則會出現正電荷。

2-5 ▶ p 型半導體的能帶結構
～受體能階緊接在價帶上方～

▶【p 型半導體的能帶結構】

價帶的電子進入受體能階，在價帶上形成電洞。

2-3 說明了 n 型半導體的能帶結構，這節來說明 p 型半導體的能帶結構。圖 2.5.1（a）為矽摻雜硼形成 p 型的晶體情況。硼的 3 個鍵結不足矽的 4 個鍵結，所以會獲取 1 個負電子，釋出 1 個電洞。

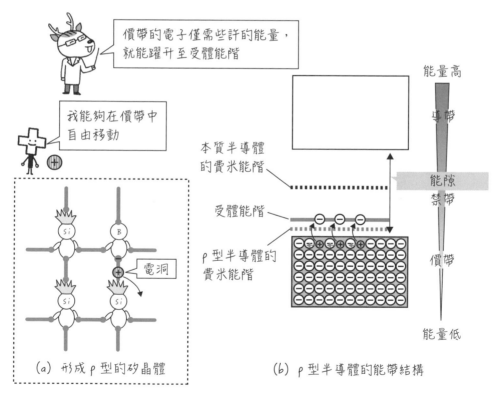

圖 **2.5.1**：p 型半導體（矽＋硼）的晶體情況與能帶結構

圖 2.5.1（b）為以能帶結構說明這件事的示意圖。硼作為受體獲得的電子，形成用來鍵結的 sp³ 混成軌域，也就是緊接在價帶最上方的能階。受體獲得的電子能階，稱為**受體能階**（acceptor energy level）。

價帶最上方的能階與受體能階非常接近，僅需給予些許的電壓能量，價帶最上方的電子就能躍升至受體能階。價帶最上方的電子移至受體能階後，流失電子的能階會空下來，形成帶正電荷的孔洞。價帶上填滿了電子，但電洞是「孔洞」空下來的地方，施加電壓後會如 **2-4** 的空椅子移動自由地運動。這個電洞會作為載體，扮演流通電流的角色。

接著來看 p 型半導體的費米能階。本質半導體的費米能階，位於「價帶最上方」與「導帶最下方」的正中間附近。p 型半導體形成受體能階後，費米能階會出現在「價帶最上方」與「受體能階」的正中間附近。

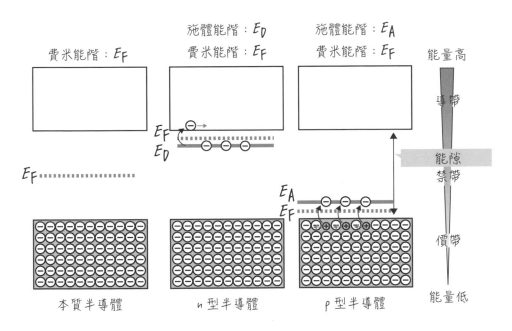

圖 **2.5.2**：本質半導體、n 型半導體、p 型半導體的能帶結構

2-6 ▶ pn 接合＝二極體
～接合後形成空乏區～

> ▶【pn 接合】
>
> 結合 p 型半導體與 n 型半導體的元件──二極體。

二極體是，結合 n 型半導體和 p 型半導體的元件。結合 n 型半導體和 p 型半導體，稱為 pn 接合（pn junction）。

圖 2.6.2 為 pn 接合的情況。右側的 n 型半導體有著許多作為載體的電子，左側的 p 型半導體有著許多作為載體的電洞。在接合的部分（虛線圍起來的部分），正負相互抵銷，形成沒有載體的電中性部分（圖 2.6.1）。取該處什麼都沒有的意思，稱為空乏區（depletion region）。

由於空乏區沒有導通電力的載體，一般狀態下為不通電的絕緣體。然而，施加電壓後，n 型半導體、p 型半導體的載體狀態會分別改變，產生通電、不通電有趣的動作特性（詳細內容從下一節開始説明）。

二極體是以 pn 接合組成的元件，由於每次都畫出 n 型半導體、p 型半導體過於麻煩，圖 2.6.3（a）實物的二極體會表示成圖 2.6.3（b）的圖形符號。p 型半導體側的電極為 **A**（陽極）[1]；n 型半導體側的電極為 **K**（陰極）[2]。

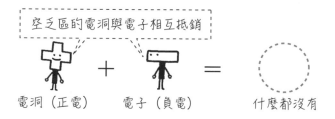

空乏區的電洞與電子相互抵銷

電洞（正電）　＋　電子（負電）　＝　什麼都沒有

圖 **2.6.1**：空乏區的情況

---

[1] 意為帶陰離子（anion：負電的受體）的端子。

[2] 意為帶陽離子（cation：正電的施體）的端子。

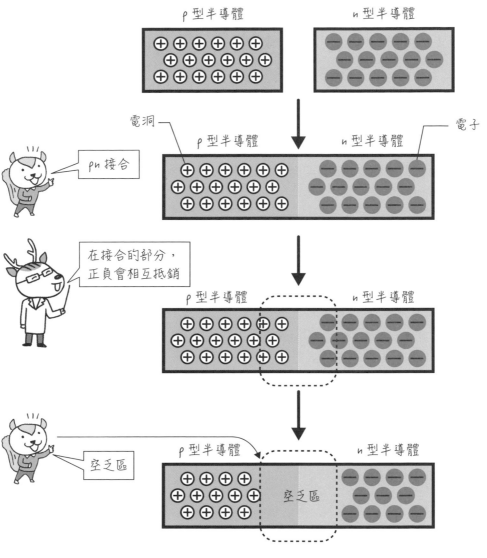

圖 2.6.2：pn 接合後形成空乏區

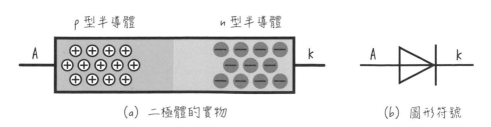

(a) 二極體的實物　　　　(b) 圖形符號

圖 2.6.3：pn 接合組成的元件──二極體

2-7 ▶ pn 接合的能帶結構
〜基礎最不好學〜

 ▶【在 pn 接合】
p 型和 n 型的費米能階一樣。

這節試以能帶結構說明二極體的 pn 接合原理。理解這一節後，後面就能輕鬆閱讀喔！

圖 2.7.1（a）為二極體的實物，（b）表示其能帶結構。p 型半導體的受體能階緊接在價帶上方，由價帶最上方提供電洞（正孔），所以電洞為載體。另一方面，n 型半導體的施體能階緊接在導帶下方，由導帶最下方提供電子，所以電子為載體。兩種半導體接合在一塊時，兩者的費米能階會如（b）的右圖對齊接合[*1]，其他能階也會上下接合起來。在出現空乏區的地方，除了費米能階之外，其他能階都會彎曲。

接著說明為何因為這樣的能帶結構，使得二極體在一般狀態下無法形成電流。圖 2.7.2 是 n 型半導體的載體電子沒辦法移動到左側的示意圖。原本能夠自由移動的載體電子，由於 p 型半導體的導帶能量高，感覺像是在 pn 接合面碰到無法跨越的高牆。除非從外部給予跨越該差距的能量，否則 n 型半導體的載體無法移動到左側。

電洞也是相同的情況。在圖 2.7.3，想要 p 型半導體的載體電洞移動到右側的話，n 型半導體的價帶電子必須跟電洞交換移動到左側。然而，價帶電子無法跨越能量差移動往左移動，電洞也就無法往右移動。

---

*1　費米能階是大量電子從能量低的能階填入時，表示填入電子和未填入電子之間的能量狀態。想要改變費米能階的位置，必須從外部給予能量才行。相反地，未從外部獲得能量的話，則電子處於穩定狀態，費米能階不受位置影響為固定值。就像湖泊水面，儘管底部的深度不同（不受風、月球引力影響的話），感覺湖面位於相同高度。

無論是 n 型半導體還是 p 型半導體，載體都能往自由的方向移動。但是，以 pn 接合組成的二極體，載體能夠移動的方向受到限制。這是後面 **2-8** 整流作用的基礎現象。

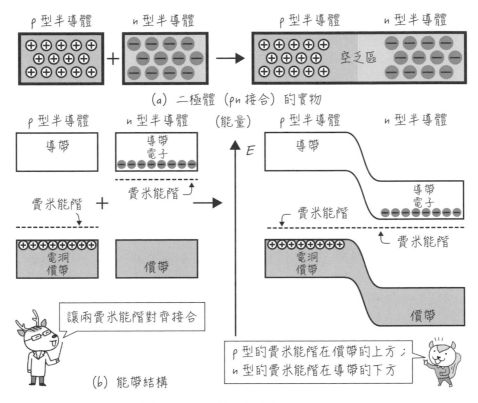

(a) 二極體（pn 接合）的實物

(b) 能帶結構

圖 2.7.1：pn 接合的實物與能帶結構

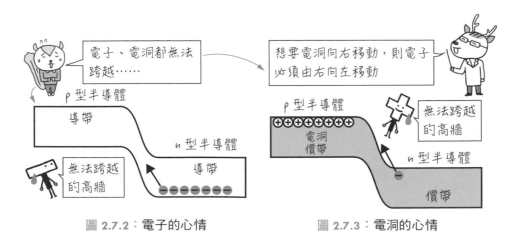

圖 2.7.2：電子的心情

圖 2.7.3：電洞的心情

2-8 ▶ 整流作用與能帶結構
～二極體的基本動作～

 ▶【整流作用】
讓電流單方向流動的作用。

二極體的基本功能是，使電流變為單向通行的**整流作用**（rectifying action）。圖 2.8.1 為二極體的整流作用示意圖。二極體在一般狀態下，會如（a）形成空乏區。

如（b）試著將二極體 p 型（陽極）接上電池的正極，n 型（陰極）接上電池的負極，則 p 型的載體電洞會受到正極排斥，往右側移動；n 型的載體電子會受到負極排斥，往左側移動，使得空乏區逐漸變窄，最後消失不見。如此一來，電洞可任意往右側移動、電子可任意往左側移動，形成電流促使燈泡發光。（b）的方向能夠流通電流，稱為**順向**。

接著，如（c）試著將 p 型（陽極）接上電池的負極，n 型（陰極）接上電池的正極，則 p 型的載體電洞會受到負極吸引，往左側移動；n 型的載體電子會受到正極吸引，往右側移動，結果空乏區逐漸變寬，完全無法流通電流。（c）的方向不能流通電流，稱為**逆向**。

換言之，順向、逆向的電流情況完全不同。圖 2.8.2 為以電路圖表示這件事的示意圖。二極體圖形符號的箭頭跟流通電流的方向相同，容易記憶[*1]。

圖 2.8.3 為整流電路，是整流作用最容易理解的應用例子。輸入使用交流電源的話，電源的正負會不斷交替。透過二極體可在順向的瞬間流通電流，逆向的瞬間不流通電流，使燈泡總是獲得同一方向的電流。如同前述，二極體具有整頓電流方向的「整流作用」。

[*1] 圖形符號的真正意義不同。在二極體剛發明出來時，pn 接合是使用礦石作成，此圖形符號是描述以針接觸礦石作成 pn 接合的模樣。

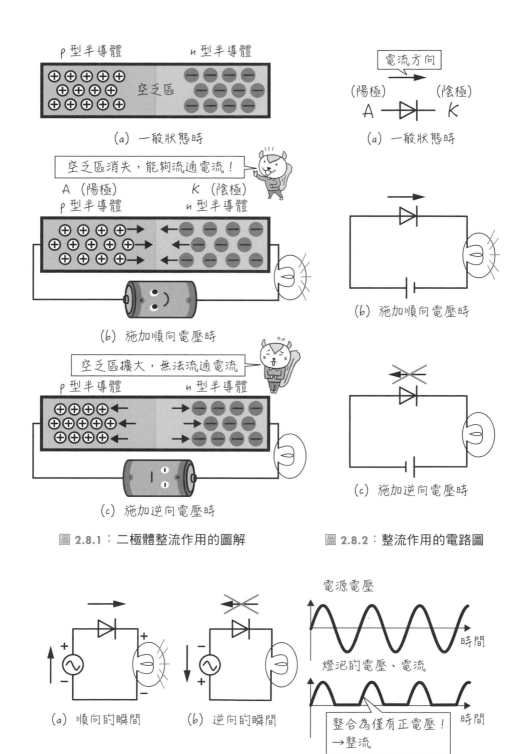

ρ型半導體　　　　　n型半導體

空乏區

(a) 一般狀態時

空乏區消失，能夠流通電流！

A (陽極)　　　　　K (陰極)
ρ型半導體　　　　　n型半導體

(b) 施加順向電壓時

空乏區擴大，無法流通電流

ρ型半導體　　　　　n型半導體

(c) 施加逆向電壓時

圖 2.8.1：二極體整流作用的圖解

電流方向

(陽極)　　　　　(陰極)
A ──▷|── K

(a) 一般狀態時

(b) 施加順向電壓時

(c) 施加逆向電壓時

圖 2.8.2：整流作用的電路圖

(a) 順向的瞬間　　　(b) 逆向的瞬間

電源電壓

時間

燈泡的電壓、電流

時間

整合為僅有正電壓！
→整流

圖 2.8.3：整流電路的功能

2

二極體

瞭解二極體具有整流作用後，接著以能帶結構正確解說整流作用的原理吧。圖 2.8.4 分別為（a）未施加電壓時、（b）施加順向電壓時、（c）施加逆向電壓時的電路圖與能帶結構。這邊以（a）的未施加電壓為基準，進行（b）與（c）的比較。

（b）的施加順向電壓，是 A（陽極）的 p 型半導體接上正極；K（陰極）的 n 型半導體接上負極。此時，p 型半導體的費米能階（受體能階），與 n 型半導體的費米能階（施體能階）會如何呢？這邊再複習一次，費米能階是電子能夠填入的最高能階，描述帶負電荷電子的能量狀態。由圖 2.8.5 可知，在連接正極的 p 型半導體，負電電子的能量會因正極變得穩定。換言之，費米能階（施體能階）會穩定化而降低。相反地，在連接負極的 n 型半導體，負電電子的能量會因負極變得不穩定。換言之，費米能階（施體能階）會升高。

由此可知，圖 2.8.4（b）的施加順向電壓，p 型半導體的受體能階會下降，n 型半導體的施體能階會上升，其他能階也會跟著錯開，p 型半導體和 n 型半導體的導帶、價帶能階會如圖 2.8.4（b）接近，p 型半導體的電洞和 n 型半導體的電子能夠移動到相反側。這是二極體的空乏區消失能夠流通電流，更為正確的說明。

圖 2.8.4（c）的施加逆向電壓，會發生與（b）相反的情況。p 型半導體的受體能階上升，n 型半導體的施體能階下降，使得導帶之間、價帶之間的能量差距變得更大，空乏區擴大。此時，二極體不能流通電流。

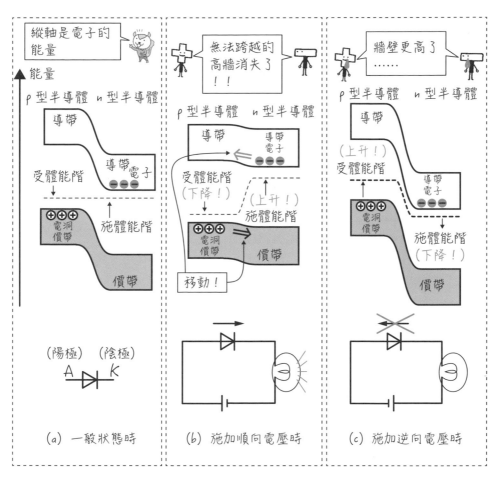

圖 **2.8.4**：以能帶結構理解整流作用

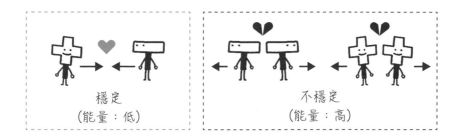

圖 **2.8.5**：電壓造成能量的上升下降

2-9 ▶ 二極體的電壓電流特性
～電子學的難關～

▶【二極體的電壓電流特性】

呈現非線性。

電阻器、二極體等元件的電壓與電流關係，稱為**電壓電流特性**（伏安特性：voltampere characteristic）。電阻器的場合，電壓電流特性是電路學中學到的歐姆定律。如圖 2.9.1，量測電阻 R〔Ω〕在各電壓 V〔V〕下的電流 I〔A〕，可得圖 2.9.2 的關係。電壓與電流的關係為直線，其數學式為

$$V = RI \quad 或者 \quad I = \frac{V}{R}$$

無論電壓 V〔V〕的正負，該關係皆成立。圖形像這樣呈現直線的關係稱為**線性**（linearity），電路學處理的電路大多都是線性關係。

然而，二極體就不是如此。如圖 2.9.3 量測二極體的電壓電流特性，可得圖 2.9.4 的關係，呈現跟電阻器迥異的關係圖。像二極體電壓電流特性的非直線關係，稱為**非線性**（non-linearity）。

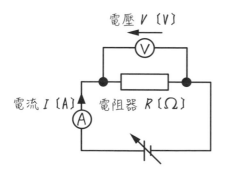

圖 2.9.1：電阻器電壓電流特性的量測方式

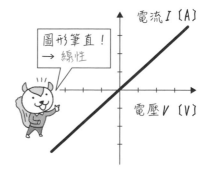

圖 2.9.2：電阻器的電壓電流特性

電子電路最大的特徵是，出現許多使用半導體元件的非線性關係。

接著，來詳細探討圖 2.9.4 的電壓電流特性。施加逆向電壓時，幾乎沒有流通電流；而施加順向電壓時，一點電壓就會流通大電流。這是二極體的整流作用。

施加多少的順向電壓才會流出電流，取決於半導體材料的能隙，矽約為 0.6 V～0.7 V、鍺約為 0.4 V、發光二極體約為 2 V。

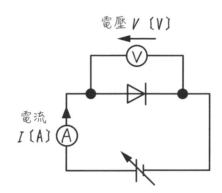

圖 2.9.3：二極體電壓電流特性的量測方法

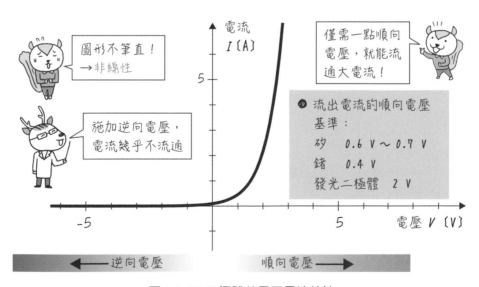

圖 2.9.4：二極體的電壓電流特性

2-10 ▶ 逆電壓
～燒壞也能使用～

 ▶【對二極體施加過大的逆電壓】
雖然會燒壞但仍可使用。

二極體的整流作用也有其界限。如圖 2.10.1，逆方向施加大電壓，約在 － 20 V 處會產生大逆向電流。雖然整流用的二極體會「燒壞」，但還是有其他用途。因為固定的電壓能夠產生任意大小電流，想要穩定電壓的電路時，會刻意施加過大逆電壓來使用。設計來保持固定電壓的二極體，有**季納二極體**（Zener diode）、**雪崩二極體**（avalanche diode）。

其名稱取自**季納效應**（Zener effect）和**雪崩**。在季納二極體，會發生如圖 2.10.2 的季納效應。存在大量摻雜的電子、電洞，施加高電壓時，少數一部分的價帶電子會如同穿越隧道移動至導帶。這現象在量子力學稱為穿隧效應（tunneling effect），因為電子具備波的性質，波才能像滲出牆壁一樣穿透過去。

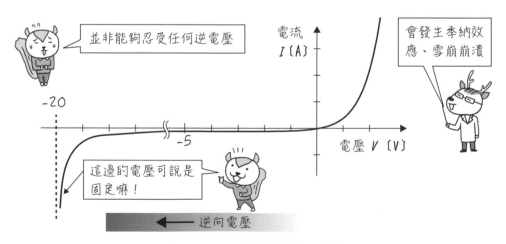

圖 2.10.1：二極體的逆電壓特性

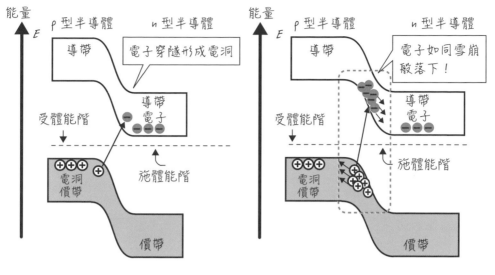

圖 2.10.2：季納效應　　　　　　　圖 2.10.3：雪崩崩潰

在雪崩二極體，會發生如圖
2.10.3、圖 2.10.4 的**雪崩崩潰**
（avalanche breakdown）。
avalanche 意指雪崩，幾乎沒
有摻雜的電子、電洞時，會發
生雪崩崩潰。

施加極高的電壓後，少部分電
子會撞上電中性的半導體原子
（矽等），產生電子與電洞對。
能夠自由移動的電子再撞上其
他電中性原子，再次產生電子

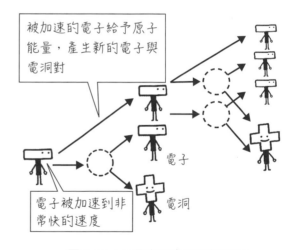

圖 2.10.4：雪崩崩潰的詳細情況

與電洞對。像這樣如同雪崩不斷產生自由移動的電子與電洞對來流通電流的
現象，稱為雪崩崩潰。

一般來說，季納二極體用於穩定低電壓，雪崩二極體用於穩定高電壓。

第 2 章　練習題

【1】n 型半導體中的施體在電性上是正電、負電還是電中性？

提示 參見 2-2

練習題解答

帶正電荷。

【解說】注入的施體原子起初為電中性。電中性的施體注入半導體後，施體原子會釋出電子（負電荷），自己本身變成帶正電荷。

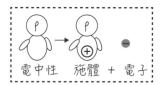

電中性　施體 + 電子

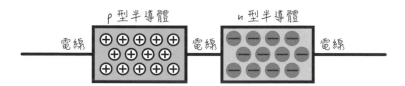

COLUMN　這是二極體嗎？

　　如下圖，以電線連接 p 型半導體和 n 型半導體的元件，能夠發揮二極體的動作特性嗎？假設電線、p 型、n 型半導體之間流通電流。

p 型半導體　　　　　n 型半導體

電線　　　　　　　電線　　　　　　　電線

　　答案是 NO！中間夾有電線（金屬）無法形成空乏區，兩種方向都能夠流通電流。想要發揮二極體的動作特性，中間必須不夾著金屬作成 pn 接合。但是，若電線（金屬）與半導體之間存在肖特基屏障（Schottky barrier），會變成兩個肖特基屏障二極體逆向串聯，則不會流通電流（詳細解說參見 5-8）。

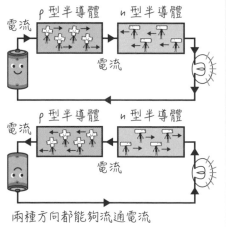

兩種方向都能夠流通電流
※ 電子（負電荷）與電流的方向相反

第 **3** 章

電晶體

II. 元件的動作原理

電晶體是具有「放大作用」的便利元件。為了確實發揮放大作用，在本章好好理解電晶體的動作原理、性質。

3-1 ▶ 電晶體是漢堡結構
～三隻腳的魔法師～

電晶體（transistor）裝置具有將小訊號增幅的**放大作用**（amplification）。1947 年，由隸屬美國貝爾電話實驗室的巴丁（John Bardeen）、布拉頓（Walter Brattain）、肖克利（William Shockley）發明，旋即受到世界關注。電晶體的放大作用經常用於收音機、電視機等多數電器產品，在電機工程的發展貢獻非凡。

三人獲頒 1956 年的諾貝爾獎。多虧這項發明，半導體的相關技術出現令人驚豔的發展，江崎二極體（1973 年江崎獲頒諾貝爾獎）、IC（2000 年基爾比獲頒諾貝爾獎）等帶來了長足的進步。

圖 3.1.1 為電晶體功能的簡易示意圖，將微小的輸入訊號放大增幅。此時，需要注意電晶體單體沒辦法放大訊號，必須接上電池等電源，也就是得從外部供給電源。

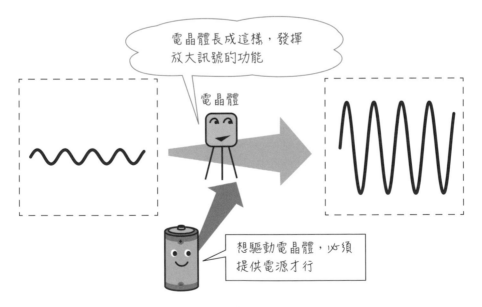

電晶體長成這樣，發揮放大訊號的功能

電晶體

想驅動電晶體，必須提供電源才行

圖 3.1.1：電晶體的功能

【電晶體】

以 npn、pnp 作成的漢堡。

電晶體呈現如同漢堡的結構（圖 3.1.2）。（a）稱為 npn 型電晶體，是 n 型半導體間夾著 p 型半導體的元件；（b）稱為 pnp 型電晶體，是 p 型半導體間夾著 n 型半導體的元件。三條電極分別稱為 E（射極）、B（基極）、C（集極），B 會作得非常薄。

對應的圖形符號如圖 3.1.2 方框所示。因為電晶體有三隻腳，剛發明時又被稱為「三隻腳的魔法師」等。

在圖 3.1.2，將電晶體的結構比喻為漢堡，但這邊需要注意的是，漢堡的上下側麵包有著厚度、芝麻粒的不同。電晶體也是如此，旁邊兩塊半導體不一樣，**射極會比集極摻雜更多，存在大量的載體**。實際上，圖 3.1.2（a）的 npn 型電晶體，射極的電子就畫得比集極的電子還要多。

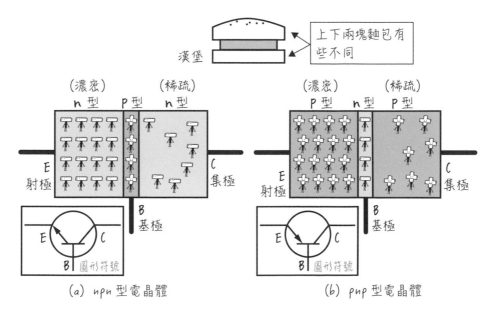

圖 3.1.2：電晶體的接腳名稱與圖形符號

3-2 ▶ 接腳名稱的由來

～三隻腳是根據功能取名～

> **?** ▶【接腳名稱的由來】
>
> • E（Emitter：射極）：發射者。
> • B（Base：基極）：基底、出發點。
> • C（Collector：集極）：聚集者。

圖 3.2.1 為 npn 型電晶體未動作的情況，射極和基極之間存在 pn 接合空乏區，基極和集極之間也有 pn 接合空乏區。此時，即便在射極和集極之間施加電壓，也會因存在空乏區而無法流通電流。

於是，如圖 3.2.2，在基極和射極的 pn 接合施加二極體的順向電壓。如此一來，電洞（正孔）會從基極移動到射極，電子會從射極移動到基極，如同二極體流通電流。此時，因為射極摻雜大量的載體電子且基極非常薄，與集極連接的正極會吸引射極的電子，使得電子直接貫穿基極。換言之，電子會從射極穿透到集極。

因此，射極取名為「發射」電子的接腳；集極取名為「聚集」電子的接腳。然後，基極流通電流，集極和射極之間才能形成電流，所以基極取名為「基底、出發點」的接腳。

由此可知，電晶體的基極流通電流時，集極往射極也會形成電流。電晶體基極、射極、集極形成的電流，分別稱為基極電流 I_B〔A〕、射極電流 I_E〔A〕、集極電流 I_C〔A〕[1]。

pnp 型電晶體的場合，僅需將載體換成電洞，電池、電流方向相反過來，動作原理和 npn 型電晶體一樣 [2]。

---

[1] 由於電子帶負電荷，需注意電子流向與電流方向相反。

[2] 一般來說，電洞的有效質量比電子還重，所以 pnp 型電晶體不適合高速動作。

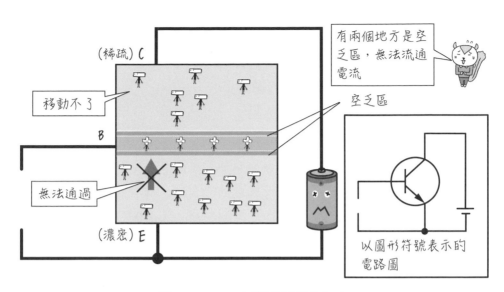

圖 3.2.1：npn 型電晶體不動作時

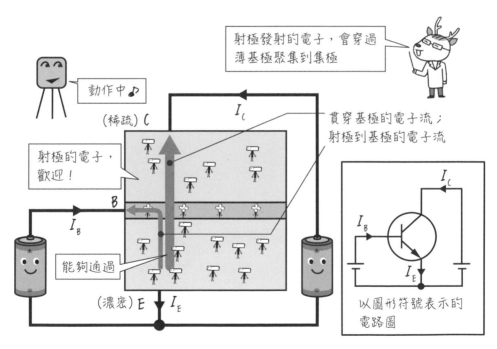

圖 3.2.2：npn 型電晶體動作時

3-3 ▶ 電晶體的放大作用
～這是電晶體的關鍵！～

這節會説明電晶體的基本動作——放大作用。在 **3-2**，説明了基極流通電流後，會形成集極往射極的電流。這邊要注意的是電流大小，集極電流約為基極電流的 100 倍。

如圖 3.2.2 驅動圖 3.3.1 的電晶體。此時，電路圖中的電流、電壓大小以量符號描述。請參見右頁「量符號的表記方式」。如圖 3.3.1，僅以電池的直流電驅動電晶體時，集極電流 I_C〔A〕被放大為基極電流 I_B〔A〕的多少倍，稱為**直流電流放大率** h_{FE}（direct current amplification）。數學式為[1]

$$h_{FE} = \frac{I_c}{I_B}$$

表示集極電流 I_c 變為基極電流 I_B 的多少倍

其數值因產品而異，但通常為 50 至 200 左右。h_{FE} 沒有單位。

另外，由圖 3.3.2 可知，射極電流是基極電流加上集極電流。數學式為[2]

$$I_E = I_B + I_C$$

這在 npn 型和 pnp 型皆成立。

這兩條式子表示了重要且基本的電晶體性質。

另外，由圖 3.3.2 的圖形符號可知，電晶體圖形符號中的箭頭代表射極的電流方向。

---

[1] 因為僅是電流的倍率，直流電流放大率沒有單位（專業上稱為「無因次（dimensionless）」）。

[2] 套用克希荷夫電流定律（Kirchhoff 's current laws）就能瞭解。

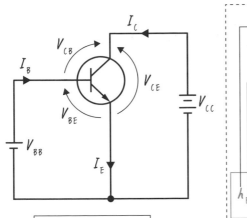

- h: hybrid（兩者）
  表示（輸入與輸出）或者（電流與電壓）兩者關係的數值
- F: Forward（順向）
  流通順向電流時
- E: Emitter（射極）
  射極作為共用電源（射極接地）時

$$h_{FE} = \frac{I_C}{I_B}$$

h_{FE} 的名稱由來

量符號的表記方式

- V_{BE}、V_{CE}、V_{CB}：相異的下標→下標之間的電壓
  （例）V_{BE} 是基極（B）和射極（E）間的電壓
- V_{BB}、V_{CC}：相同的下標重複→該接腳連接的電源電壓
  （例）V_{CC} 是集極（C）連接的電源電壓
- I_E、I_C、I_B：電流的下標→各接腳（E、C、B）的電流
  （例）I_B 是基極（B）和射極（B）電流

圖 3.3.1：電晶體的基本動作

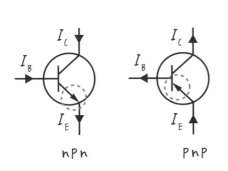

圖形符號的箭頭表示射極電流的方向

nPn 型和 PnP 型都會是
$$I_E = I_B + I_C$$

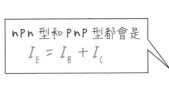

nPn　　　　PnP

圖 3.3.2：電晶體的電流關係

● **例題** 已知基極電流為 1 mA、射極電流為 100 mA，試求該電晶體的直流電流放大率。

答 集極電流為 $I_C = I_E - I_B = 100\ \text{mA} - 1\ \text{mA} = 99\ \text{mA}$，所以

$$h_{FE} = \frac{I_C}{I_B} = \frac{99\ \text{mA}}{1\ \text{mA}} = 99$$

3-4 ▶ 電晶體的能帶結構
～能夠通過嗎？～

> ▶【電晶體的能帶結構】
> 關鍵是射極載體能否通過基極。

透過解讀能帶結構，能夠徹底理解電晶體放大作用的動作原理。我們依序來看圖 3.4.1（a）未施加任何電壓時、（b）施加 V_{CE}〔V〕時、（c）施加 V_{BE}〔V〕和 V_{CE}〔V〕時的情況。

首先是（a），由於未施加電壓，跟二極體的情況相同，費米能階（施體能階和受體能階）會對齊接合。然後，射極中的大量載體（電子），會因能量高牆而無法通過基極。

接著是（b），施加電壓 V_{CE}〔V〕時，集極接上正極。縱軸為帶負電荷的電子能量，接上正極後穩定化，使得集極的施體能階下降。然而，射極和基極之間仍舊存在高牆，無法流通電流。

最後是（c），施加電壓 V_{CE}〔V〕與電壓 V_{BE}〔V〕時，基極接上正極，受體能階也跟著下降。如此一來，如同二極體接上順向電壓，射極的電子會流向基極。再加上，基極非常薄且射極能階因 V_{CE}〔V〕下降的緣故，射極發射的電子會大量貫穿基極聚集到集極。

這就是小基極電流獲得大集極電流的放大原理。

入門書通常不會提到電晶體的能帶結構，但我們得確實理解真正的動作原理才行

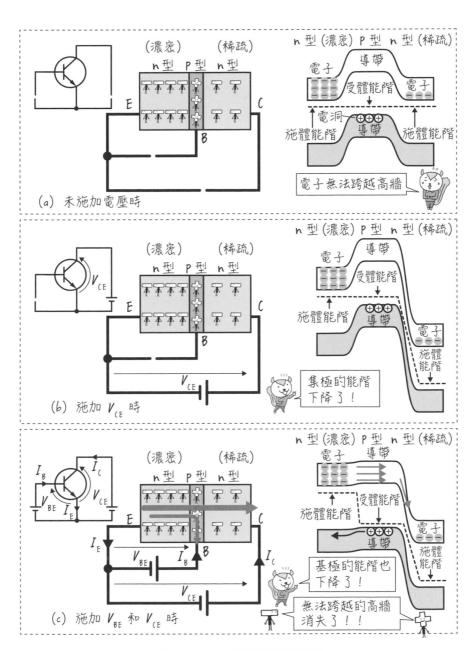

圖 **3.4.1**：電晶體的能帶結構

3-5 ▶ 靜態特性與動態特性
～快速動作比較疲累～

▶【電晶體的靜態特性】

使用直流時的性質。

電晶體使用直流時的特性，統稱為**靜態特性**（static characteristic）。意指不像交流一樣變動，電壓、電流皆為直流，穩定平「靜」時的「特性」。

如圖 3.5.1 驅動電晶體時，電晶體的特性會以輸入與輸出的關係表示。對於電晶體，輸入有電流 I_B〔A〕和電壓 V_{BE}〔V〕兩種；輸出也有電流 I_C〔A〕和電壓 V_{CE}〔V〕兩種。

如圖 3.5.2，討論四個輸入與輸出的關係。（1）是固定 I_B〔A〕討論輸出之間的關係（I_C〔A〕和 V_{CE}〔V〕）；（2）是固定 V_{CE}〔V〕討論電流之間的關係（I_C〔A〕和 I_B〔A〕）；（3）是固定 V_{CE}〔V〕討論輸入之間的關係（I_B〔A〕和 V_{BE}〔V〕），圖形恰巧與二極體的電壓電流特性相同；（4）是固定 I_B〔A〕討論電壓之間的關係（V_{BE}〔V〕和 V_{CE}〔V〕）。

翻轉（線對稱反轉）軸將四個關係圖整合成中央的圖形。裝置業者會在電晶體的型錄中，刊載這個靜態特性的整合圖，而電路業者會根據此靜態特性使用電晶體。

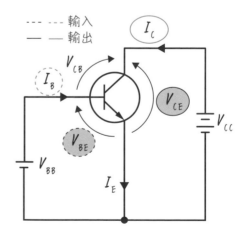

圖 3.5.1：電晶體的輸入與輸出

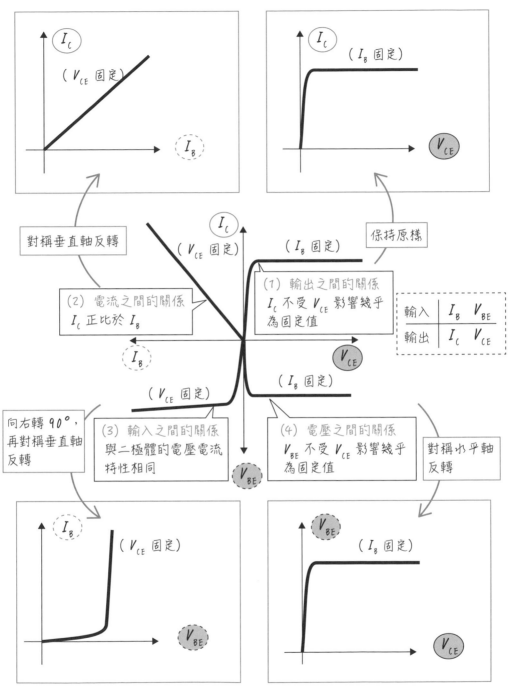

圖 3.5.2：電晶體的靜態特性

▶【電晶體的動態特性】

使用交流時的性質。

相對於直流的靜態特性，**動態特性**（dynamic characteristic）是電晶體使用交流時的性質。圖 3.5.3 為基極側電源 V_{BB}〔V〕串聯交流電源 v_{bb}〔V〕，在基極電流形成交流成分 i_b〔A〕的情況。此時，集極電源也會出現交流成分 i_c〔A〕。i_c〔A〕會以放大 i_b〔A〕的形式顯現，但電流的倍率會比直流時還要小。此時的電流倍率，稱為**小訊號電流放大率**（small signal current amplification），數學式為[1]

$$h_{fe} = \frac{i_c}{i_b}$$

> 因為是交流，下標寫成小寫字母

相較於直流電流放大率，通常頻率愈高，小訊號電流放大率的數值愈小。以交流使用電晶體，載體電子、電洞的方向總是交替變換，會削弱放大的效果。

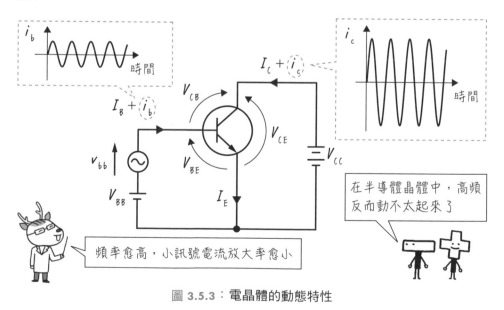

> 頻率愈高，小訊號電流放大率愈小

> 在半導體晶體中，高頻反而動不太起來了

圖 3.5.3：**電晶體的動態特性**

---

[1]　正確來說，不是瞬時值的比，而是實效值的比。

圖 3.5.4 為訊號頻率愈高，小訊號電流放大率愈小的例子。像這樣相對於頻率變動的性質，稱為**頻率響應**（frequency response）。作為小訊號電流放大率等性能的代表指標，頻率響應會刊載於型錄上表示電晶體的性能。

設計電晶體時使用的小訊號電流放大率，多是使用根據訊號頻率求得的數值。後面 **3-6** 的 h 參數也會受頻率影響，跟小訊號電流放大率一樣，都是根據訊號頻率來決定。

在 **7-17** 會學習如何處理頻率造成的影響。

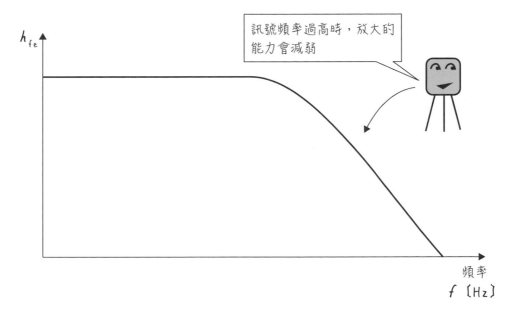

圖 **3.5.4**：小訊號電流放大率會受訊號頻率影響

3-6 ▶ h 參數
～描述輸入與輸出的四種關係～

> **▶【h 參數】**
>
> 描述電晶體輸入與輸出關係的四個數值。

電路業者使用電晶體時，比起內部的詳細結構，更重視外部的輸入與輸出資訊。因此，他們會將圖 3.6.1 的電晶體電路轉為如圖 3.6.2 的示意圖，僅著眼於輸入與輸出。

在輸入側的基極加上直流電壓 V_{BE}〔V〕和訊號電壓 v_{be}〔V〕，基極流通直流電流 I_B〔A〕與訊號電流 i_b〔A〕，則輸出側會是直流電壓 V_{CE}〔V〕加上訊號電壓 v_{ce}〔V〕時，集極電流會是直流電流 I_C〔A〕加上訊號電流 i_c〔A〕。

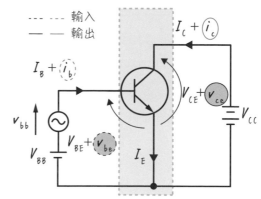

圖 **3.6.1**：圖 **3.6.2** 的實際電路圖

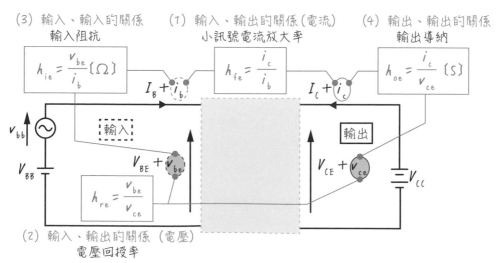

(3) 輸入、輸入的關係
輸入阻抗
$$h_{ie} = \frac{v_{be}}{i_b} \,\text{〔}\Omega\text{〕}$$

(1) 輸入、輸出的關係（電流）
小訊號電流放大率
$$h_{fe} = \frac{i_c}{i_b}$$

(4) 輸出、輸出的關係
輸出導納
$$h_{oe} = \frac{i_c}{v_{ce}} \,\text{〔S〕}$$

$$h_{re} = \frac{v_{be}}{v_{ce}}$$

(2) 輸入、輸出的關係（電壓）
電壓回授率

圖 **3.6.2**：僅考慮輸入與輸出的電路圖

此時，將電壓 v_{be}〔V〕和電流 i_b〔A〕視為輸入，將電壓 v_{ce}〔V〕和電流 i_c〔A〕視為輸出，圖 3.6.3 四種關係 [1] 的 h 參數由圖 3.6.4 的計算決定 [2]。

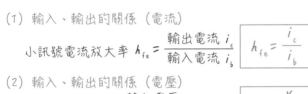

	輸入	輸出		
電流	i_b	i_c	(1) 輸入、輸出的關係（電流）　小訊號電流放大率 h_{fe}	f：forward（順向）流通順向電流時
電壓	v_{be}	v_{ce}	(2) 輸入、輸出的關係（電壓）　　　電壓回授率 h_{re}	r：ratio（比）電壓的比
			(3) 輸入、輸入的關係　　　　　　　　輸入阻抗 h_{ie}	i：input（輸入）
			(4) 輸出、輸出的關係　　　　　　　　輸出導納 h_{oe}	o：output（輸出）

圖 3.6.3：h 參數的關係與下標的意義（也參見圖 3.3.1）

(1) 輸入、輸出的關係（電流）

小訊號電流放大率 $h_{fe} = \dfrac{輸出電流\ i_c}{輸入電流\ i_b}$　　$h_{fe} = \dfrac{i_c}{i_b}$

輸出電流放大為輸入電流的多少倍

跟 3-5 動態特性學到的 h_{fe} 相同！

(2) 輸入、輸出的關係（電壓）

電壓回授率 $h_{re} = \dfrac{輸入電壓\ v_{be}}{輸出電壓\ v_{ce}}$　　$h_{re} = \dfrac{v_{be}}{v_{ce}}$

輸出電壓返回多少倍為輸入電壓

(1) 和 (2) 是相同單位的量比值，所以沒有單位

(3) 輸入、輸入的關係

輸入阻抗 $h_{ie} = \dfrac{輸入電壓\ v_{be}}{輸入電流\ i_b}$〔Ω〕　　$h_{ie} = \dfrac{v_{be}}{i_b}$〔Ω〕

輸入側的阻抗

輸入側的「電壓／電流」（電流不易流動的程度）為阻抗（電阻）值，單位為 Ω（歐姆）

(4) 輸出、輸出的關係

輸出導納 $h_{oe} = \dfrac{輸入電流\ i_c}{輸入電壓\ v_{ce}}$ 西門子〔S〕　　$h_{oe} = \dfrac{i_c}{v_{ce}}$〔S〕

輸出的導納

輸出側的「電流／電壓」（電流容易流動的程度）為導納（電導）值，單位為 S（西門子）

圖 3.6.4：h 參數的計算方式

---

*1　由於有輸入電流、輸入電壓、輸出電流、輸出電壓共四個未知數，所以需要四種關係式（方程式）。更詳細的內容，請參閱二端對網路（two-terminal pair network）的 h 矩陣。

*2　h 參數是調查所有動態特性的交流值，會是靜態特性四種曲線的切線斜率（微分係數）。

3-7 ▶ 等效電路
～把這個交給電路業者～

> **?** ▶【等效電路】
>
> 以電源、阻抗表示電晶體特性，容易計算的電路。

試著使用 **3-6** 的 h 參數，改成容易計算的電晶體電路。圖 3.7.1 是將圖 3.6.2 四種 h 參數表示的電路圖，改成僅以電源、阻抗 [1] 來表示，這樣的電路圖稱為等效電路（equivalent circuit）。設計電晶體等元件的人會將做成的電晶體 h 參數交給設計電路的人，在進行電路設計時，會以圖 3.7.1 的電路圖來計算。實際上，無論是徒手計算還是電腦模擬，都會使用等效電路。

圖 3.7.1 的等效電路，是由理想電壓源（總是釋出 $h_{re}\, v_{CE}$〔V〕電壓的電源）和理想電流源（總是釋出 $h_{fe}\, i_b$〔A〕電流的電源）所組成。這邊來簡單確認，等效電路是否真的能夠表示電晶體的 h 參數。

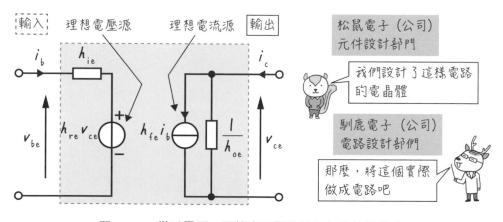

圖 **3.7.1**：僅以電源、阻抗表示電晶體內部的等效電路

---

[1] 簡單來說，就是包含直流電路的電阻、線圈、電容性質，可用於交流電路計算的組件。詳細解說請參閱拙著《文科生也看得懂的電路學 第 2 版》（碁峰資訊）。

圖 3.7.2 為以等效電路表示 h_{fe}、h_{re}，圖 3.7.3 為以等效電路表示 h_{ie}、h_{oe} 的示意圖。調查 h 參數時，會如圖 3.7.2 固定輸入電流 $I_B + i_b$ 或者輸出電壓 $V_{CE} + v_{ce}$。

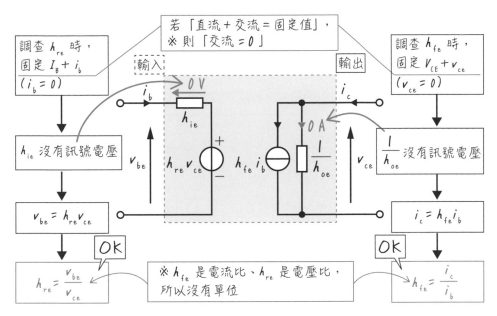

圖 **3.7.2**：以等效電路表示 h_{fe}、h_{re} 的示意圖

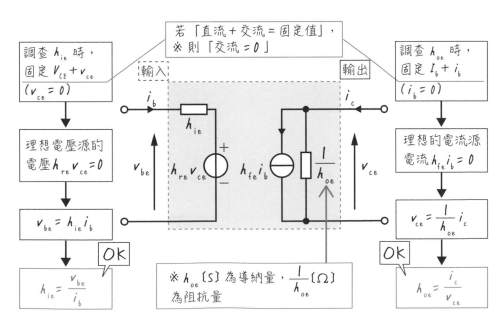

圖 **3.7.3**：以等效電路表示 h_{ie}、h_{oe} 的示意圖

3-8 ▶ 寄生電容
～麻煩的東西～

> **❓ ▶【寄生電容】**
>
> 如同寄生蟲潛藏於元件中的電容。

電晶體是巧妙利用兩個 pn 接合發揮放大作用的裝置。然而，pn 接合與電容的構造相似，有著滲漏交流訊號的麻煩性質。

圖 3.8.1 是（a）pn 接合（二極體：1 個接合）和（b）電容構造的示意圖。如 **2-6** 所述，pn 接合在未施加電壓下會形成空乏區。而（b）電容是在兩電極間夾著介電質（dielectric），施加電壓後電極產生正負電荷 [1]。

由圖 3.8.1 的（a）和（b）可知，空乏區和電容的構造相同，在什麼都沒有的空乏區兩側產生正負電荷。換言之，空乏區具有電容的性質。

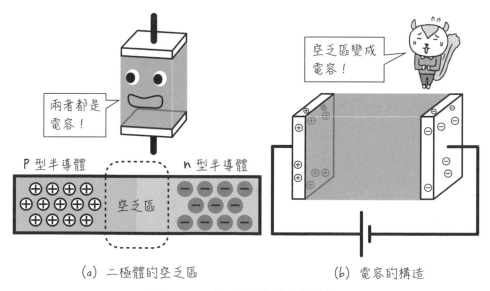

（a）二極體的空乏區　　　　　　（b）電容的構造

圖 **3.8.1**：空乏區具有電容的性質

---

*1 在《文科生也看得懂的電路學 第 2 版》（碁峰資訊）有詳細解説。

從另一個角度來看，可以說 pn 接合的元件潛藏著電容的性質。

如同上述，像寄生蟲一樣潛藏於裝置的靜電容量（electrostatic capacity），稱為**寄生電容**（parasitic capacitance）或者**雜散電容**（stray capacitance）。

電晶體有兩個 pn 接合，必須考慮兩個寄生電容。圖 3.8.2（a）為電晶體的內部，將集極和基極之間、基極和射極之間的 pn 接合，分別視為寄生電容。電路圖如圖 3.8.2（b）所示，其寄生電容的數值非常小 [*2]，但高頻時電抗（reactance）會變小，滲漏交流成分 [*3]。因此，在設計處理高頻的電路時，等效電路必須加上寄生電容，考慮滲漏電流的影響（參見 **7-18**）。

假設 BC 間的寄生電容為集極電容 C_{ob}〔F〕，部分集極電流會經由 C_{ob} 漏到基極。集極電流是從輸出（output）漏到基極（base），所以下標寫成 ob。再來，假設 BE 間的寄生電容為射極電容 C_{ib}〔F〕，部分基極電流會經由 C_{ib} 漏到射極。基極電流是從輸入（input）漏到射極，所以下標寫成 ib。

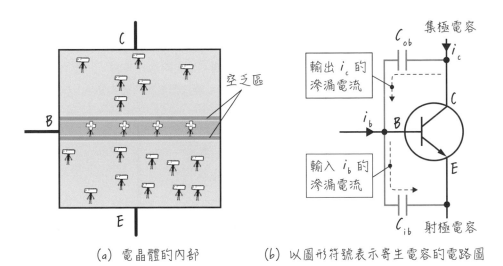

(a) 電晶體的內部　　　(b) 以圖形符號表示寄生電容的電路圖

圖 3.8.2：空乏區將電晶體變成電容

---

*2　數 p～數百 p〔F〕左右。

*3　在《文科生也看得懂的電路學 第 2 版》（碁峰資訊）有詳細解說。

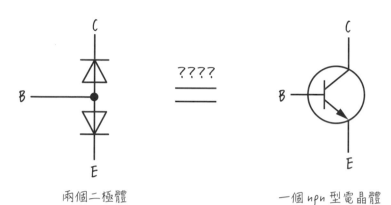

兩個二極體　　　　　　　　　一個 npn 型電晶體

上圖的兩個二極體的電路和一個電晶體的電路，果真具有相同動作特性嗎？

答案是「NO」！為什麼呢？在兩個二極體組成的電路，明明將 C 當作 n 型半導體、B 當作 p 型半導體、E 當作 n 型半導體，構造就跟電晶體相似。

這邊的關鍵是，E 的電子能否貫穿基極。如下圖，當有兩個二極體，上面的二極體會形成空乏區，射極電子無法全部流到基極，電子無法從射極移動到集極。

為什麼上面的二極體會形成空乏區呢？因為二極體之間的金屬從中作亂。其實，半導體接上金屬後，會具有與 pn 接合相似的整流作用（詳細解說參見 5-8）。

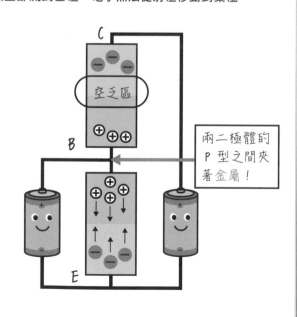

兩二極體的 P 型之間夾著金屬！

場效電晶體

場效電晶體的外觀跟電晶體相似，但內部構造完全不同。為了方便設計電子電路，會作成「電壓驅動」元件。

4-1 ▶ 電流驅動與電壓驅動
〜來自電路業者的要求〜

 ▶【電流驅動與電壓驅動】
- 電晶體是電流驅動。
- 場效電晶體是電壓驅動。

前面所學的電晶體，是輸入電流動作的電流驅動（current drive）元件。在基極與射極之間的 pn 接合通入順向電流，形成對應的放大集極電流。圖 4.1.1 為電晶體主要功能的示意圖。以安培計檢測麥克風流出的電流，透過揚聲器發出對應電流的輸出。實際上，如圖 3.7.1 的等效電路，電晶體的輸出會表示成輸入電流 h_{fe} 倍的電流源。

然而，對電路設計者來說，電流驅動的元件出現了一點問題。比如圖 4.1.2 麥克風等輸入裝置，流通愈多電流，輸出電壓會愈小，變得無法正確傳遞訊號。正確來説，如圖 4.1.2 右側的等效電路，麥克風會換成具有電源、內部阻抗 Z_i〔Ω〕像電池一般的電路。流通電流 i〔A〕時，Z_i〔Ω〕會發生電壓下降，使得麥克風的輸出電壓 v〔V〕跟著減少。因此，電路設計者需要的是，不流通電流、根據電壓放大的電壓驅動（voltage drive）元件。

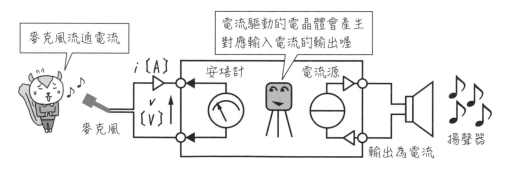

圖 4.1.1：電晶體是電流驅動（示意圖）

在這樣的背景下，繼電晶體之後開發出**場效電晶體**（field effect transistor）。如同其名，使用電壓形成的電場效果[*1]控制輸出電流。由於名稱過長，後面簡稱為 FET[*2]。圖 4.1.3 為 FET 放大麥克風的輸出電壓，輸出電流至揚聲器的示意圖。根據伏特計檢測的電壓，輸出對應的電流[*3]。

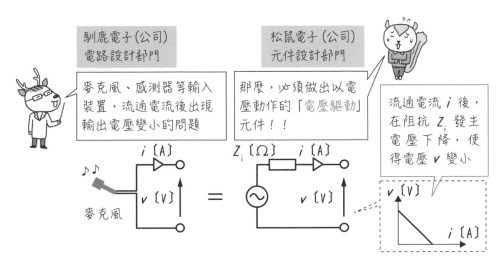

圖 **4.1.2**：麥克風的等效電路與內部阻抗

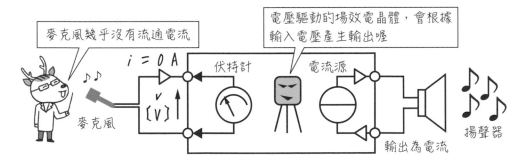

圖 **4.1.3**：場效電晶體是電壓驅動（示意圖）

---

*1　施加電壓的空間為「電場」，在存在電場的空間，力會對電荷作功。

*2　Field Effect Transistor（電場效應電晶體）的略稱。

*3　伏特計的內部阻抗大，幾乎不流通電流。FET 是以伏特計表示「電壓驅動＝輸入阻抗大的元件」，但電壓驅動並非總是有效，麥克風側與放大電路側的內部阻抗相同時，能夠產生最大的功率。詳細解說統整於 **7-19**、**7-20**。

4-2 ▶ 單極性
～僅為 n 型或者 p 型一種類型～

> ▶【雙極與單極】
>
> 電晶體為雙極性（兩種極性）。
> 場效電晶體為單極性（一種極性）。

電晶體使用的半導體種類可分為兩種。前面提到的電晶體，是同時使用了 n 型和 p 型的「雙極（bipolar）型」。後面準備說明的場效電晶體，是僅使用 n 型或者 p 型的「單極（monopolar）型」。

「bi」是拉丁語的「2」；「mono」是希臘語的「1」；「polar」是英語「極」的意思。雙極型電晶體是，如圖 4.2.1 具有 n 型半導體和 p 型半導體的電晶體。為了與場效電晶體區別，想要明確描述電流驅動的電晶體時，有時會稱為雙極性電晶體。

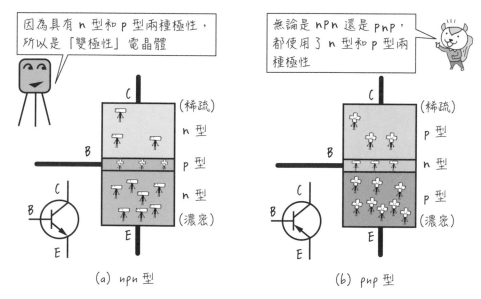

(a) npn 型　　　(b) pnp 型

圖 4.2.1：電晶體是雙極性

另一方面，場效電晶體僅以 n 型或者 p 型半導體流通電流，也就是僅以單一極性半導體控制載體。如圖 4.2.2，僅具有一種極性的場效電晶體，稱為**單極型電晶體**。場效電晶體又稱為**單極性電晶體**。

單極型的場效電晶體，會使用圖 4.2.2 中的閘極（gate）電壓來控制電流。正如同自來水的水龍頭，閘極電壓為水龍頭、電流為自來水。製作閘極的方法林林總總，本書會介紹兩個實用上經常出現的接合型 FET 和 MOSFET。在後面，本書會將場效電晶體簡記為 FET。

- **本書介紹的場效電晶體（FET）：**

  接合型 FET：以 pn 接合的空乏區來控制→ **4-4**、**4-5**、**4-6**

  MOSFET：反轉載體來控制→ **4-7**、**4-8**、**4-9**

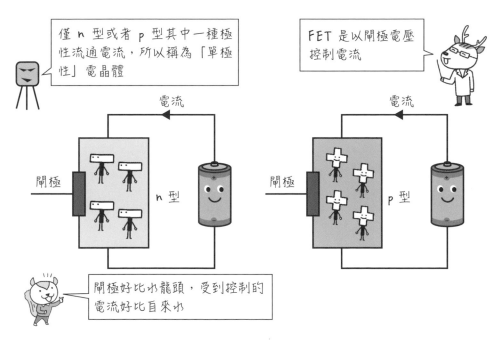

僅 n 型或者 p 型其中一種極性流通電流，所以稱為「單極性」電晶體

FET 是以閘極電壓控制電流

電流

電流

閘極

n 型

閘極

p 型

閘極好比水龍頭，受到控制的電流好比自來水

圖 4.2.2：場效電晶體是單極性

4-3 ▶ 接腳的名稱與通道
～無論是 n 還是 p，載體都是從源極到汲極～

❓ ▶【FET 的接腳名稱】

- G（Gate：閘極）：門扉、閘門。
- S（Source：源極）：源頭。
- D（Drain：汲極）：汲水口。

FET 與雙極性電晶體一樣也有三隻腳，每隻接腳各有其功能相關的名稱。圖 4.3.1 為 FET 功能的示意圖，（a）為載體電子、（b）為載體電洞流通的情況。

G（**閘極**）是控制電流的端子。閘極的功能好比水龍頭，透過閘極電壓控制載體的流通。以開關水流動的閘門，取名為閘極。載體會從 S（**源極**）流向 D（**汲極**）。源極是「源頭（Source）」、汲極是「汲水口」的意思，場效電晶體的接腳各有其符合功能的名稱。

❓ ▶【FET 的通道】

從源極（S）到汲極（D）的通道。

圖 4.3.1（a）為載體電子、（b）為載體電洞從源極流向汲極的示意圖[1]。如（a）電子能夠通過的通道，稱為 **n 通道**（n-channel）；如（b）電洞能夠通過的通道，稱為 **p 通道**（p-channel）。無論是哪一種通道，載體出發的端子為源極，抵達的端子為汲極。這邊需要注意的是，**汲極和源極之間的半導體類型（n 型、p 型）與通道的種類未必一致。**

---

*1　電子會受到正極吸引、負極排斥；電洞會受到正極排斥、負極吸引。

到底是以通過通道的載體種類來區分，S、D 之間的半導體種類未必是通道的名稱

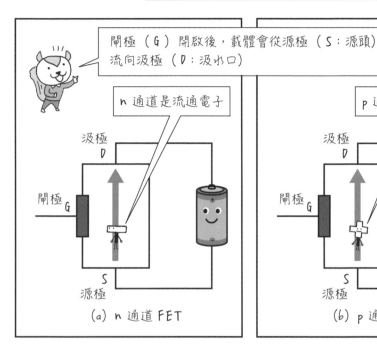

閘極（G）開啟後，載體會從源極（S：源頭）流向汲極（D：汲水口）

n 通道是流通電子

p 通道是流通電洞

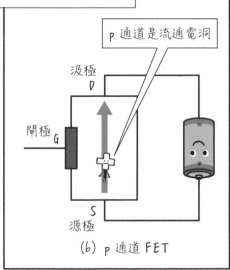

汲極
D

閘極 G

S
源極

(a) n 通道 FET

汲極
D

閘極 G

S
源極

(b) p 通道 FET

圖 **4.3.1**：**FET** 的接腳名稱與通道

FET 到底是以能夠通過載體通道的是電子還是電洞來區分通道種類。n 型半導體未必形成 n 通道。在後面會學到，接合型 FET 的 n 通道是以 n 型半導體作成；MOSFET 的 n 通道是以 p 型半導體作成。

另外，「通道」與電視、廣播的「頻道」，兩者的英文皆是「channel」。

4-4 ▶ 接合型 FET 的動作
～若為夾止狀態，則通道不流通載體～

> ▶【接合型 FET】
>
> 利用 pn 接合的空乏區，勒緊通道來控制電流。

閘極使用 pn 接合的 FET，稱為**接合型 FET**。圖 4.4.1 為接合型 FET 的構造與圖形符號。（a）的 n 通道接合型 FET 是，源極（S）和汲極（D）使用 n 型半導體，閘極（G）使用 p 型半導體；（b）的 p 通道則使用相反的半導體。跟二極體一樣形成 pn 接合，所以接合型 FET 的圖形符號中，也有箭頭表示順向電流的方向。

使用接合型 FET 時，閘極和源極之間的閘極電壓使用逆向電壓。圖 4.4.2 為 n 通道接合型 FET 的動作示意圖，（a）尚未施加閘極電壓，p 型半導體和 n 型半導體之間形成空乏區。但是，源極、汲極之間存在沒有空乏區的地方，n 型半導體的載體電子能夠輕鬆通過通道，形成汲極往源極的汲極電流 I_D〔A〕。

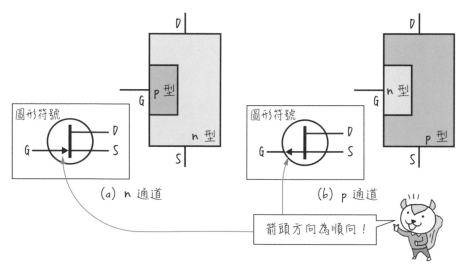

圖形符號

(a) n 通道

圖形符號

(b) p 通道

箭頭方向為順向！

圖 4.4.1：接合型 FET 的構造與圖形符號

然而，如第 2 章的説明，若像（b）一樣施加逆向的閘極電壓，則空乏區會擴大，載體不容易流通，使得汲極電流減少。若進一步增加逆向電壓，則空乏區會擴大到載體完全無法流通，使得汲極電流變為零。此時，通道彷彿脖子的呼吸道被勒緊，無法通過載體。這樣的狀態稱為**夾止**（pinch-off：勒緊脖子等）狀態，此時的閘極電壓稱為**夾止電壓**（pinch-off voltage）。

接合型 FET 會像水龍頭一樣，以閘極電壓開關空乏區來控制汲極電流。

 ▶【夾止】

彷彿脖子的呼吸道被勒緊，通道無法通過載體。

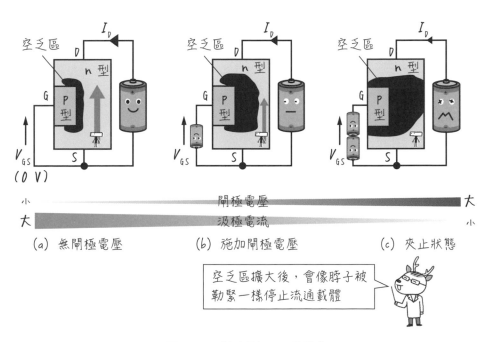

圖 **4.4.2**：接合型 **FET** 的動作

4-5 ▶ 接合型 FET 的靜態特性

～電壓驅動！～

> **❓ ▶【接合型 FET 的靜態特性】**
> 以閘極電壓控制汲極電流。

瞭解接合型 FET 的動作原理後，接著討論靜態特性。如第 3 章的說明，靜態特性是使用直流驅動元件時的性質。如圖 4.5.1 共用源極，對閘極施加 V_{GS}〔V〕、汲極施加 V_{DS}〔V〕的電壓。量符號的表記方式也在圖 4.5.1 中說明。

圖 4.5.1 為 n 通道接合型 FET，為了以夾止狀態控制汲極電流，需要如圖 4.4.2 將閘極電壓 V_{GS}〔V〕的閘極接到負極、源極接到正極。其中，「對閘極施加負電壓」時，電壓值標記負號比較能夠清楚表示負電壓，有助於做出關係圖。因此，在示意圖（a）中，閘極接上正極、源極接上負極、電源 V_{GG}〔V〕標記為負值。此時的靜態特性，分別為（b）$V_{GS} - I_D$ 特性、（c）$V_{DS} - I_D$ 特性的關係圖。

圖 4.5.1（b）的 $V_{GS} - I_D$ 特性是，固定 V_{DS}〔V〕調查靜態特性的關係圖。$V_{GS} = 0$ V 時汲極電流最大，施加逆向電壓後汲極電流逐漸減少，在 $V_{GS} = -0.4$ V 附近，汲極電流消失。這表示該接合型 FET 的夾止電壓為 -0.4 V。

（c）的 $V_{DS} - I_D$ 特性是，調查四種閘極電壓 V_{GS}〔V〕的關係圖。先來看 $V_{GS} = 0$ V 的情況。V_{DS}〔V〕愈大，汲極電流會穩定為固定值，出現「電流飽和」的現象。然後，增加 V_{GS}〔V〕的逆電壓會發現，汲極電流 I_D〔mA〕逐漸變小。換言之，閘極電壓 V_{GS}〔V〕能夠控制汲極電流 I_D〔mA〕。如 **4-1**「FET 是電壓驅動元件」的說明，真的就是電壓驅動的元件。

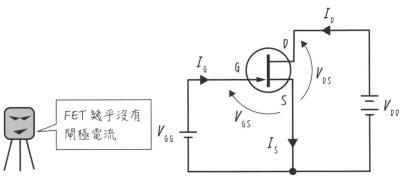

（a）調查 FET 靜態特性的電路

量符號的表記方式

- V_{GS}、V_{DS}：相異的下標 → 下標之間的電壓

  （例）V_{GS} 是閘極（G）和源極（S）間的電壓

- V_{GG}、V_{DD}：相同的下標 → 該接腳連接的電源電壓

  （例）V_{GG} 是閘極（G）連接的電源電壓

- I_G、I_D、I_S：電流的下標 → 各接腳（G・D・S）的電流

  （例）I_D 是汲極（D）電流

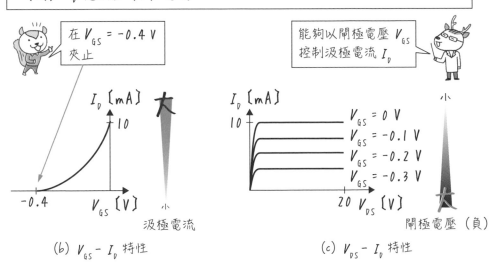

在 $V_{GS} = -0.4\text{ V}$ 夾止

能夠以閘極電壓 V_{GS} 控制汲極電流 I_D

（b）$V_{GS} - I_D$ 特性

（c）$V_{DS} - I_D$ 特性

圖 **4.5.1**：接合型 **FET** 的基本動作

場效電晶體

4

4-6 ▶ 接合型 FET 的等效電路
～將這個交給電路業者～

> ▶【接合型 FET 的等效電路】
>
> 輸入阻抗極大。

如同 **3-7**，將接合型 FET 改寫成電源、阻抗的等效電路，方便電路業者計算。如圖 4.6.1，將電源 V_{GG}〔V〕加上訊號成分 v_{gg}〔V〕，以閘極電壓為 $V_{GS} + v_{gs}$ 來討論等效電路。輸出的源極和汲極之間的電壓為 $V_{DS} + v_{ds}$、汲極電流為 $I_D + i_d$，輸入的閘極電壓為 $V_{GS} + v_{gs}$。FET 是電壓驅動，作為輸入電流的閘極電

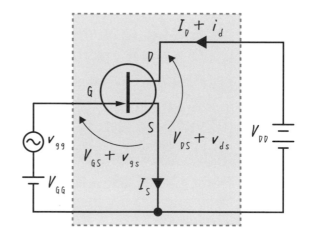

圖 **4.6.1**：討論等效電路的電路圖

流幾乎可視為零。相較於電晶體的等效電路，接合型 FET 的等效電路非常單純。

擴大圖 4.5.1（b）的 $V_{GS} - I_D$ 特性，以圖 4.6.2 討論輸入與輸出的關係。現在，閘極電壓因訊號成分 v_{gs}〔V〕產生振動，相對於該振動的幅度，輸出的汲極電流也於關係圖中以 i_d〔A〕的幅度振動。兩者大小的比例，也就是放大的程度稱為**互導**〔S〕（transconductance），數學式為

> ▶【互導】
>
> 閘極電壓與汲極電流的變化比例。　　$g_m = \dfrac{i_d}{v_{gs}}$〔S〕

互導表示閘極電壓的平均汲極電流，相當於 FET 的放大率。其中，因為是電流除以電壓，所以單位跟電導、導納同為〔S〕（西門子：siemens）。「互」這個名稱，取自「描述輸入與輸出的相互關係」的意思。

知道互導 g_m〔S〕後，就能根據輸入的閘極電壓訊號 v_gs〔V〕，以 $i_\mathrm{d} = g_\mathrm{m}\, v_\mathrm{gs}$ 求得閘極電流。然後，使用輸入阻抗 r_g〔Ω〕和輸出阻抗 r_d〔Ω〕，表示成如圖 4.6.3 的等效電路。

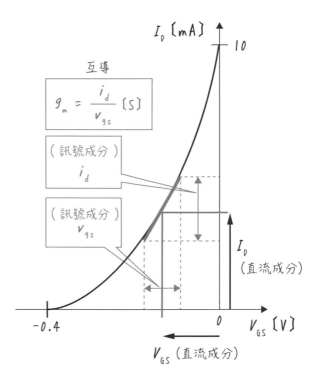

圖 **4.6.2**：$V_\mathrm{GS} - I_D$ 特性

r_g〔Ω〕、r_d〔Ω〕分別對應電晶體輸入阻抗 h_ie 和輸出阻抗的倒數 $1/h_\mathrm{oe}$。但是，r_g〔Ω〕可視為無限大，計算上閘極電流幾乎為零。因此，會比電晶體的計算還要單純。

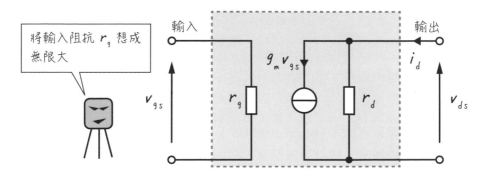

圖 **4.6.3**：接合型 **FET** 的等效電路

4-7 ▶ MOSFET 的動作
～以閘極電壓反轉～

> ▶【MOSFET】　M：Metal（金屬）。
>
> 　　　　　　　O：Oxide（氧化物）。
>
> 　　　　　　　S：Semiconductor（半導體）。

FET 除了接合型之外，也常使用 MOSFET。MOS 是 Metal（金屬）、Oxide（氧化物）、Semiconductor（半導體）三個字頭的縮寫。

MOSFET 如圖 4.7.1 為 M 和 O 結合到 S 的構造。M 和 O 實際上非常薄，但為了方便說明，這邊刻意畫得比較大。

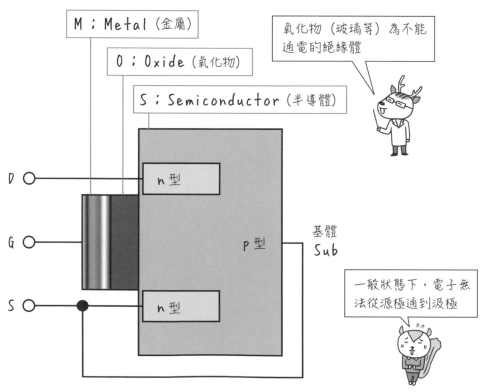

圖 4.7.1：MOSFET 的構造（n 通道）

S（半導體）的內部是，D（汲極）和 S（源極）連接 n 型半導體，再埋入大的 p 型半導體。M 和 O 相反側的基體（substrate：基盤）連接源極。未施加電壓時，汲極、源極之間會像電晶體的集極、射極之間形成兩個 pn 接合，無法流通電流。

因此，如圖 4.7.2 對 S（源極）和 G（閘極）施加電壓。M（金屬）連接 O（氧化物＝絕緣體）不會流通電流，但 p 型半導體中極少量存在的電子，會感受到正電壓往 O 靠近。因為基體連接負極，p 型半導體中大量存在的電洞會往基體靠近。結果，p 型半導體中的電子，聚集到靠近 M 和 O 的附近，形成極細的電子通道。這是稱為**反轉層**（inversion layer）的 MOSFET 通道。換言之，該 MOSFET 是電子流通的 n 通道 FET。

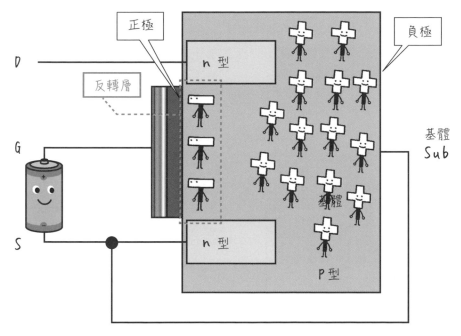

圖 **4.7.2**：反轉層的形成方式

4-8 ▶ 增強型與空乏型
～為方便電路業者製造出來的元件～

> ▶【增強型】常關式。
> ▶【空乏型】常開式。

在 **4-7** 介紹的是，如圖 4.8.1 施加閘極電壓才變成開啟狀態的**增強型**（enhancement：增加）MOSFET，意為以增加電壓來流通電流。沒有閘極電壓（常態）時為關閉狀態，所以增強型又稱為**常關式**（normally-off）。

相對於增強型，如圖 4.8.2 不施加閘極電壓也能夠流通電流，設計為**常開式**（normally-on）的 MOSFET 稱為**空乏型**（depletion：減少），意為減少動作的閘極電壓。n 通道的場合，如圖 4.8.3 注入作為通道載體的電子，事先作成反轉層。

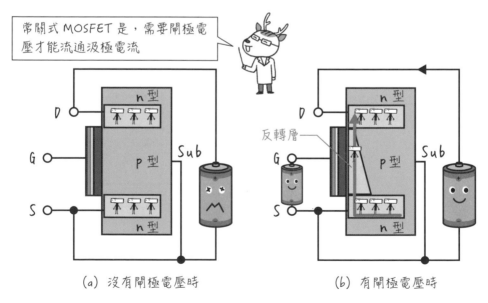

常關式 MOSFET 是，需要閘極電壓才能流通汲極電流

(a) 沒有閘極電壓時　　(b) 有閘極電壓時

圖 4.8.1：增強型得施加閘極電壓才形成反轉層

如同上述，MOSFET 分成增強型與空乏型，根據用途選擇方便的種類。因此，MOSFET 的圖形符號，如圖 4.8.4 依照增強型、空乏型、n 通道、p 通道區分為四種。電路業者可自行選擇方便設計電路的組件。

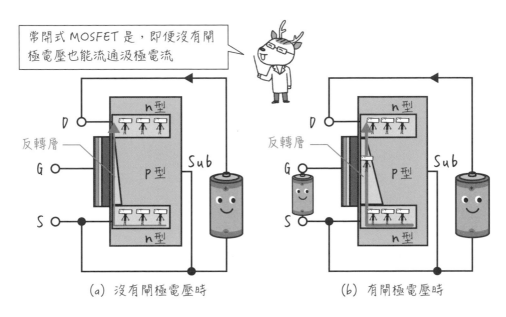

圖 4.8.2：空乏型一開始就有反轉層

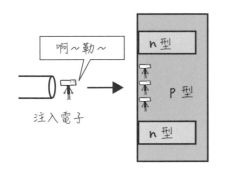

圖 4.8.3：事先注入電子做出反轉層

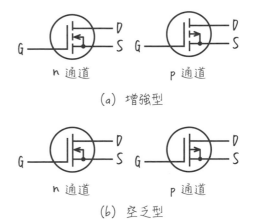

圖 4.8.4：MOSFET 的圖形符號

4-9 ▶ MOSFET 的靜態特性
〜增強型與空乏型不同〜

▶【增強型】常關式、「閾值」為正。
▶【空乏型】常開式、「閾值」為負。

先介紹增強型 MOSFET 的靜態特性。如圖 4.9.1，閘極、源極之間連接電源 V_{GG}〔V〕，汲極、源極之間連接電源 V_{DD}〔V〕，接腳的連接方式（G、S、D）和圖 4.5.1 接合型 FET 的電路相同。此時，汲極電流 I_D〔A〕與閘極電壓 V_{GS}〔V〕的關係如右圖所示。

由於增強型為常關式元件，閘極電壓為 0 V 時，不會流通汲極電流。閘極電壓增加後會形成反轉層，突然流出汲極電流。此時的電壓稱為**閾值**，這是 MOSFET 為開啟還是關閉狀態的重要數值。增強型的閾值為正。

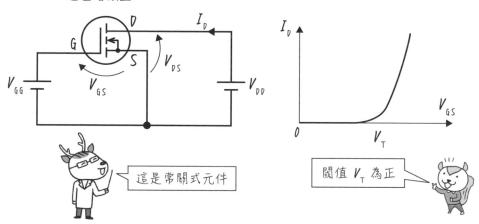

圖 4.9.1：n 通道增強型 MOSFET 的靜態特性

圖 4.9.2 為空乏型的情況。由於是常開式元件，即便閘極電壓為 0 V，也會流通汲極電流。因此，施加逆向閘極電壓後，反轉層會逐漸消失，最後汲極電流也不再流通。換言之，空乏型的閾值為負。

空乏型的汲極電流、閘極電壓特性，恰好是增強型的特性向左偏移的圖形。

由兩者的靜態特性可知，計算互導、改成等效電路的方法，MOSFET 和接合型 FET 都相同。但是，因為增強型和空乏型的閾值不同，在設計電路時，決定閘極「偏壓（bias voltage）」的方式不一樣。這部分是電路業者的工作。

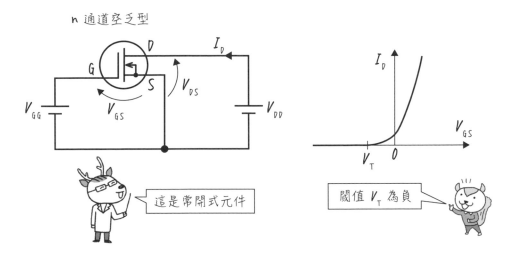

圖 4.9.2：n 通道空乏型 MOSFET 的靜態特性

? ▶【FET 的特性（統整）】

接合型 FET　　　　常開式

增強型 MOSFET　　常關式

空乏型 MOSFET　　常開式

第 4 章　練習題

【1】n 通道接合型 FET 的載體為何？

【2】p 通道接合型 FET 的載體為何？

【3】n 通道 MOSFET 的載體為何？

【4】接合型 FET 的動作為常開式還是常關式？

【5】MOSFET 的動作為常開式還是常關式？

練習題解答

【1】電子（參見 **4-3**、**4-4**）　　【2】電洞（參見 **4-3**、**4-4**）

【3】電子（參見 **4-3**、**4-7**）　　【4】常開式（參見 **4-4**、**4-9**）

【5】增強型是常關式；空乏型是常開式（參見 **4-9**）

COLUMN　閘極電流的大小與電腦的極限（比例定律）

　　前面說明了 FET 是幾乎沒有閘極電流的電壓驅動裝置，但實際上還是會稍微滲漏一點，滲漏的電流頂多 1 μA 左右。若汲極電流為 1 A，則兩者相差 10^6 倍，差距大到幾乎可以無視其存在。

　　然而，電腦的 CPU（運算的主要裝置）使用了非常多的 FET。假設使用 10^9 個（10 億個）的話，則整體會流通高達 1000 A 的電流。不過，FET 的實際尺寸非常小，無法流通如此大的電流，但若減少 FET 的數量，則會滲漏穿隧電流（參見 **5-6**）。這個滲漏的電流決定了電腦的極限，感興趣的讀者可試著搜尋關鍵字「比例定律（scaling law）」。

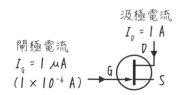

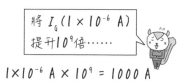

各種二極體

二極體能夠發光、發電、變成電容……是具有各種機能的有趣元件。

5-1 ▶ LED（發光二極體）

～電子與電洞再結合發出光能～

▶【LED（發光二極體）】

電子和電洞結合時發光。

作為二極體發出光亮的應用例子，這邊來介紹 **LED**。LED 是 Light（光）、Emitting（釋出）、Diode（二極體）等字頭的縮寫，中文意為**發光二極體**（意思是發出光亮的二極體）。構造如圖 5.1.1 所示，在 pn 接合處發出筆直的光線。如圖 5.1.2，圖形符號會添加箭頭表示「發出光亮」。

圖 5.1.3 為 LED 發出光亮的動作原理。如第 2 章的說明，在 pn 接合施加順向電壓，n 型半導體的載體電子和 p 型半導體的載體電洞會聚集到接合部分，兩者結合後消滅。電子和電洞消失時，正負電荷恰好相互抵銷，接著放出等同於殘留能量的能量光。結合後消失的電子和電洞，會再經由電池等電源供給。

如同上述，電源供給生成的電子和電洞再次結合，稱為**電子電洞再結合**。LED 是，設計成電子電洞再結合時發光的二極體。

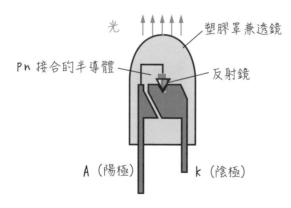

圖 5.1.1：LED 的構造

圖 5.1.2：LED 的圖形符號

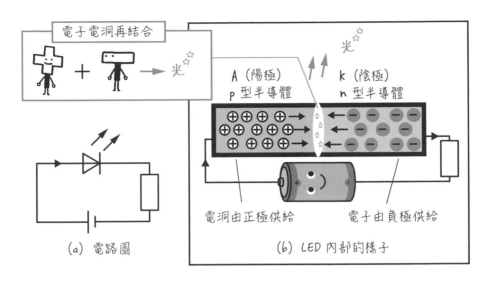

圖 **5.1.3**：**LED** 的發光原理

與 LED 相同，燈泡也是將電轉成光的裝置。但是，LED 和燈泡的發光原理完全不同。下一頁圖 5.1.4（a）的燈泡，通電後放熱的燈絲（電熱線 [*1]）配置於真空玻璃管中 [*2]。通電時，線中的電子會移動撞上原子核，如同「背部推擠遊戲」釋出熱能。當這個熱高達約 1000°C 時，便會像火柴、打火機的火焰一樣發光。換言之，燈泡是先將電能轉換成熱能，再將熱能轉換成光能的發光裝置。

另一方面，圖 5.1.4（b）的 LED 是，以電子電洞再結合直接將電能轉成光能的裝置。燈泡產生的熱能不會全部都轉為光能，會有部分熱能逸散損失。而 LED 是直接轉換能量，能夠以非常高的效率放出光亮。

另外，燈泡燈絲會在內部反覆發生電子碰撞，所以長久使用後會斷裂，燈泡有其壽命。而 LED 理論上是沒有壽命、不會受損的，但塑膠罩會因光劣化變得不易透光，商品上標示的壽命是亮度減至約新品 70% 的時間。

---

*1 大多使用鎢（原子序 74）等高熔點（3000°C 以上）的物質作成。

*2 為了防止高溫電熱線接觸空氣中的氧氣氧化。

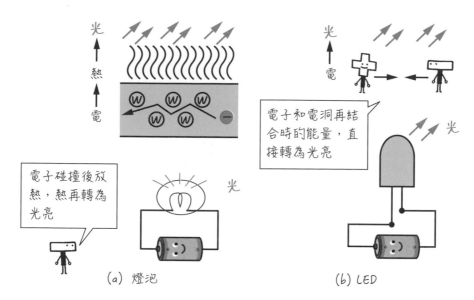

圖 5.1.4：燈泡與 LED 的不同

接著，我們從能帶結構來暸解 LED 會發出什麼顏色的亮光。圖 5.1.5 為二極體的能帶結構，（a）是未施加電壓時的情況；（b）是施加順向電壓時的情況（詳細解說參見 **2-8**）。在（a），能隙 E_g 的 p 型和 n 型半導體於正中央形成 pn 接合。因為費米能階的位置不同，導帶、價帶會在接合處產生落差，但任一處的落差程度幾乎相同。如（b）施加電壓時，電子和電洞會在接合處再結合[*3]，電子和電洞的能量差幾乎為能隙 E_g。換言之，LED 的亮光顏色，會是對應能隙 E_g 的能量顏色。

圖 5.1.6 為能量與光波長的對應關係。理論上，能量與波長的關係為

$$E\,(\mathrm{eV}) = h\,\frac{c}{\lambda} = \boxed{\frac{1240}{\lambda\,(\mathrm{nm})}}$$

其中，c 為光速（3×10^8〔m/s〕）、h 為普朗克常數（6.62×10^{-34}）〔J・s〕）。

藍色方框的部分是，能量單位為 eV、波長單位為 nm 時的公式，經常用於計算可見光 LED 的顏色。由此公式可求得圖 5.1.6 的關係。

---

*3 電子和電洞會如圖 5.1.3（b）於結合處相撞結合，但圖 5.1.5 的電子和電洞在不同的高度，看起來沒有相撞。這是因為能帶結構的縱軸表示能量，位置僅以橫軸表示的緣故。

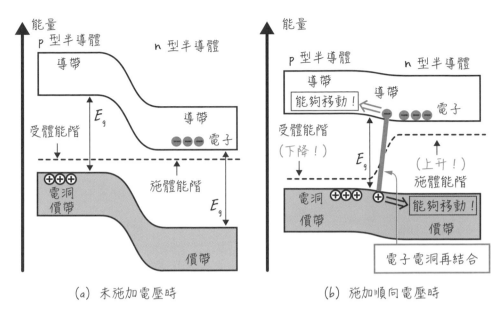

(a) 未施加電壓時　　　(b) 施加順向電壓時

圖 5.1.5：LED 發光的原理

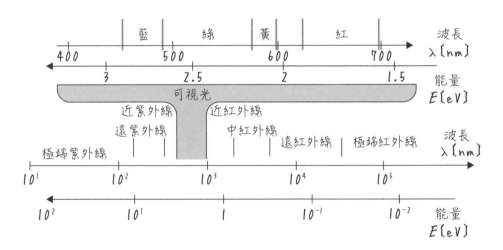

圖 5.1.6：能量與光波長的關係

比如，發出藍色光（假設波長為 460 nm）的 LED，可反過來推算需要能隙約 2.7 eV 的半導體。

5-2 ▶ 太陽能電池
～靠光產生電子和電洞來發電～

> ▶【太陽能電池】
>
> LED 的逆向操作：光射入產生電子和電洞。

太陽能電池如同其名，是利用太陽光產生電力的電池。太陽能電池其實僅是 LED 的逆向操作而已。圖 5.1.2（a）為 LED 連接電池，供電發出亮光的情況。圖 5.1.2（b）為 LED 接上安培計照射太陽光，雖然沒辦法產生足以讓燈泡發光的電力，但能夠推動安培計的指針。實際的太陽能電池跟 LED 一樣，都是 pn 接合組成的元件，但設計成能比 LED 汲取更多電流，提高發電效率。

圖 5.2.2 為太陽能電池發電原理的示意圖。（a）是電路圖，電池符號以方框圍起，並用箭頭表示光射入，而 G 意為 Generator（發電裝置）。

（b）是太陽能電池動作的情況。光射入 pn 接合的部分後，對應入射光的能量大小產生同數量的電子和電洞。

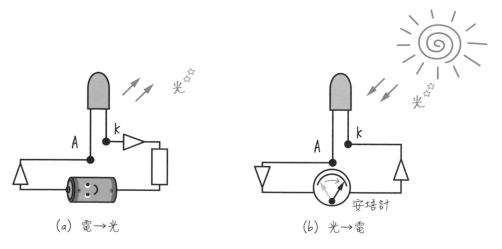

(a) 電→光　　　　　　　　(b) 光→電

圖 5.2.1：LED 也可是太陽能電池

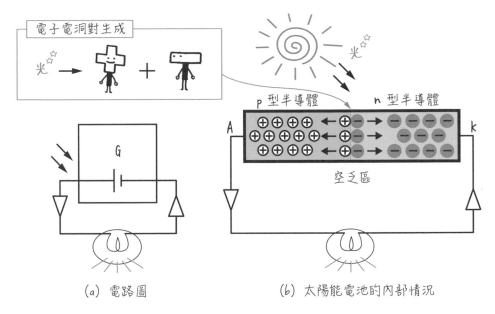

(a) 電路圖　　　　　　(b) 太陽能電池的內部情況

圖 5.2.2：太陽能電池的發電原理

像這樣產生電子電洞對（pair）的現象，稱為**電子電洞對生成**。

接收光能量產生的電子電洞對，會分別往能量穩定的方向移動，電子往 n 型半導體移動，電洞往 p 型半導體移動。照射光亮期間發生電子電洞對生成，電子會從 K（陰極）端子流往負載的燈泡，電洞會從 A（陽極）端子流往燈泡。換言之，太陽能的電池是電流由 A 流往 K 的裝置，A 會是電池的正極端子、K 會是負極端子。發電時，變成產生逆向電流。

▶【LED 和太陽能電池都是 pn 接合，但動作原理相反】

LED：電 → 光（電子電洞再結合）

太陽能電池：光 → 電（電子電洞對生成）

接著，以能帶結構說明電子電洞對生成的原理。下一頁的圖 5.2.3 是，具有能隙 E_g 的半導體照射光亮時的情況。

稍微複習一下，半導體的價帶填滿了電子，但導帶裡頭空空如也，不存在電子（參見 **1-12**）。當能量大於 E_g 的光射入，價帶的電子會被提升至導帶的能量。結果，價帶上形成空的電洞，而電子從價帶躍升至導帶。這是電子電洞對生成，更為正確的說明。

電子電洞對生成後，電子和電洞的移動原理如圖 5.2.4 所示。（a）為 pn 接合處發生電子電洞對生成的情況。生成

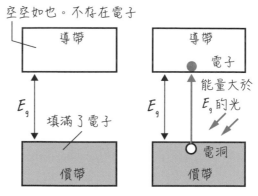

圖 **5.2.3**：**電子電洞對生成的真正原理**

的電子和電洞從光獲得能量變為高能量（不穩定）狀態，為了轉回穩定狀態，會往低能量側移動。只要注意縱軸表示「電子」的能量，由（b）可知電子會往能量下降的 n 型半導體移動，電洞會往電子能量上升（電洞下降）的 p 型半導體移動。因為這是 pn 接合，（為使費米能階對齊接合）導帶和價帶能階會在空乏區產生落差。落差的大小與空乏區內的電場強度有關，而該電場稱為內部電場。

經由光發生電子電洞對生成，p 型半導體不斷湧入正電的電洞、n 型半導體不斷湧入負電的電子，就動作特性來看，p 型半導體可視為電池的正極、n 型半導體可視為電池的負極。這是太陽能電池具有電動勢（流通電流的能力）的理由，此電動勢稱為**光電動勢**（photoelectromotive force），進入 p 型半導體的電洞會降低費米能階（因為電子減少），進入 n 型半導體的電子會升高費米能階（因為電子增加）。費米能階的偏移程度與光電動勢的大小有關。

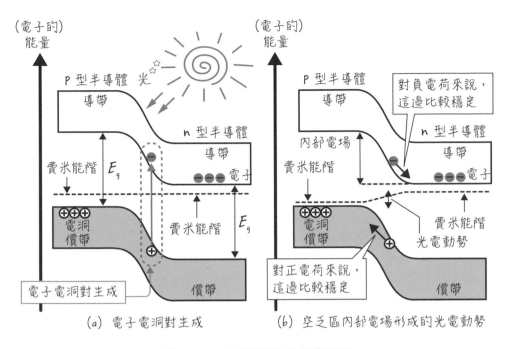

(a) 電子電洞對生成 (b) 空乏區內部電場形成的光電動勢

圖 5.2.4：太陽能電池的能帶結構

圖 5.2.5 為太陽能照射光時的電壓電流特性。令 LED 發光的方向（電力消耗）為順向電流，太陽能發電的方向（電力發電）為逆向電流[*1]。① 是未照射光線時的特性，跟普通二極體相同。② 是照射光線，產生發電電流位移時的特性。假設關係圖（I、V）相乘值 $I \cdot V$〔W〕最大時的電流為 I_{max}〔mA〕、電壓為 V_{max}〔V〕，下式理論上會是太陽能電池能夠供應的最大功率：

$$P_{max} = I_{max} V_{max} \text{〔mW〕}$$

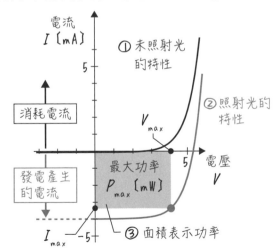

圖 5.2.5：太陽能電池的電壓電流特性

---

*1 發電、發光的電壓方向相同。

5-3 ▶ 光電二極體、PIN 二極體
～檢測光線～

 ▶【光電二極體】
反應比太陽能電池更為敏感。

光電二極體（Photodiode：簡稱為 PD）與太陽能電池一樣，是受光產生電力的二極體，但不像太陽能電池產生大量電力，而是設計成容易檢測微小纖細的訊號。圖 5.3.1 為光電二極體的圖形符號，光的方向與 LED 相反，和以太陽能電池為基礎的圖形符號迥異。

如圖 5.3.2，光電二極體常作為身邊的**感測器**（檢測器），用於各種不同的場面。原理主要是以 LED 光（除了可見光之外，也使用紅外線、紫外線）照射對象物，再檢測反射回來的光。

圖 5.3.1：光電二極體（**PD**）的圖形符號

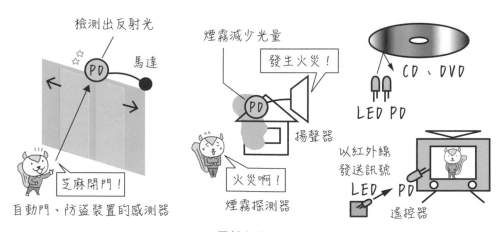

圖 5.3.2：用於各處的光電二極體

PD 的原理與太陽能電池相同，都是照射到光時透過電子電洞對生成輸出電流，也就是以 pn 接合形成的內部電場力量產生電流。由此可知，PD 對於光的反應速度取決於該內部電場。

PIN 二極體（或稱高頻二極體）是，設計成比光電二極體更高速動作的元件。圖 5.3.3（a）為 PIN 二極體的構造，pn 接合之間夾著本質半導體（intrinsic semiconductor），所以才稱為「PIN（P-Intrinsic-N）」。如（b），圖形符號是 A 和 K 之間斜向插入四角形的圖案。

pn 接合正中間存在本質半導體，會使沒有載體的空乏區領域擴大。因此，如圖 5.3.4 對 PIN 二極體施加逆向電壓，電子電洞對生成後電子和電洞會被加速，形成對光訊號反應敏感的電流。

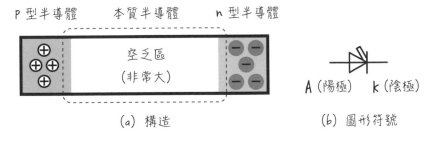

圖 5.3.3：PIN 二極體的構造與圖形符號

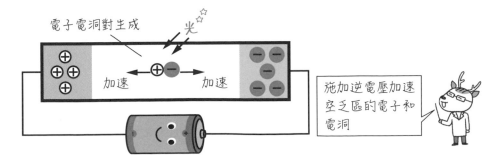

圖 5.3.4：PIN 二極體的使用方式

5-4 ▶ 雷射二極體

～變成雷射～

❓ ▶【什麼是雷射？】

反應比光電二極體更為敏感。

1. 以鏡子關住光線

2. 增強光線好幾次（← 使用受激發射）

3. 集束增強的光線

4. 發射強化的光束

如同雷射筆的光線，**雷射**是發出筆直色光的裝置。這邊先來說明發出雷射光時必要的**受激發射**（stimulated emission）現象。圖 5.4.1 將光能量的轉換分成（a）自然發射、（b）吸收、（c）受激發射來說明。

（a）**自然發射**是，位於高能階的導帶電子降至低能階的價帶時，自然發出光亮的現象。與 LED 相同，僅將電子和電洞帶至 pn 接合處自然發光（電子電洞再結合）。但是，想要將電子和電洞帶至 pn 接合處，（當然）需要由外部電源給予能量。

（b）**吸收**是，能量大於能隙 E_g 的光射入時，位於低能階的價帶電子吸收能量，躍升至高能階導帶的現象。吸收後，價帶會形成空孔的電洞、導帶會形成電子（電子電洞對生成）。

（c）**受激發射**是，同時發生（a）自然發射和（b）吸收的現象。這是電子位於高能階的導帶，且光也從外部射入時發生的現象。光射入後，導帶的電子會發生電子電洞再結合，發出光亮。換言之，受激發射具有發射比原本更強光亮的放大作用。因為是受到射入光的激發放出更強的光亮，所以稱為受激發射。

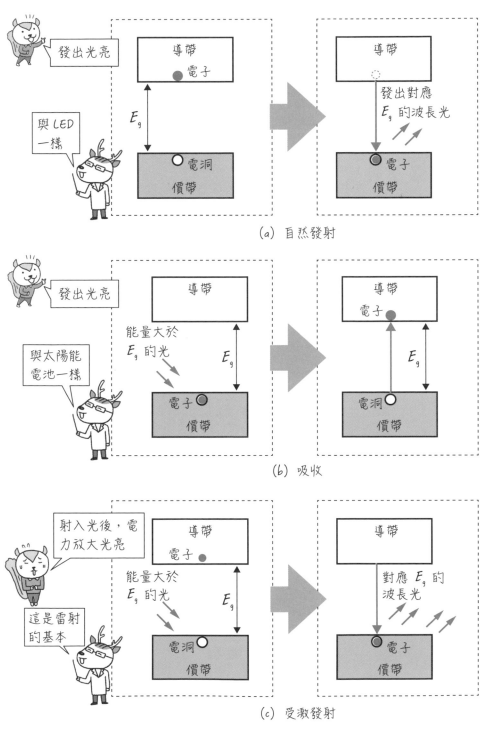

圖 5.4.1：光與電的能量來轉換

利用受激發放大光亮，發出具有特徵的光線就是**雷射**。其名稱是直接由動作原理的英文 Light Amplification by Stimulated Emission of Radiation（透過受激輻射產生的光放大），取其字頭命名為 Laser。圖 5.4.2 為雷射原理的簡易示意圖，在由外部給予能量產生受激發射的**活化層**（active layer）兩側配置鏡子，左側為完全反射的鏡子，右側為光半通過半反射的鏡子。

光會如（a）在活化層的鏡子之間來回反射，經由受激發射不斷放大。接著，如（b）調整鏡子間的距離等，巧妙對齊半通過鏡子的光波長和相位，輸出如（c）的光束。這就是雷射光。

雷射光具有高單色性、高同調性的特徵。**單色性**（monochromaticity）是，描述波成分接近單一頻率的程度。簡單來說，就是沒有混雜其他顏色的波長。**同調性**（coherence）是，描述波相位的一致程度。當同調性高（相位整齊）時，可簡單預測撞擊其他光、牆壁時的相位變化。

如圖 5.4.3，普通光（太陽光、燈泡）的單色性和同調性不佳，LED、尤其是雷射的場合，具有高單色性、高同調性。

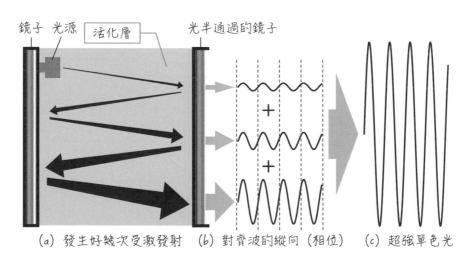

鏡子　光源　活化層　　　光半通過的鏡子

(a) 發生好幾次受激發射　(b) 對齊波的縱向（相位）　(c) 超強單色光

圖 5.4.2：雷射的原理（超簡略的說明）

雷射二極體是，將雷射的原本光源改為 LED 的元件。如圖 5.4.4，以 pn 接合處為活化層，兩側配置鏡子引起受激發射。由於小型、輕量、省電等特性，經常用於攜帶型雷射筆、量測距離的光源。

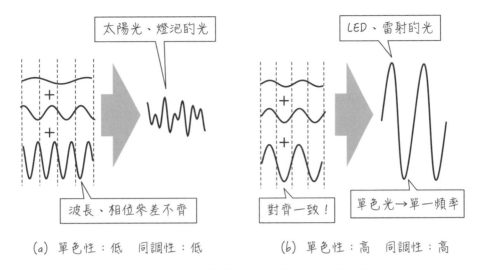

圖 5.4.3：單色性與同調性（干涉的容易程度）

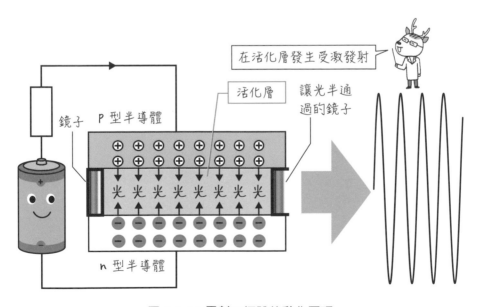

圖 5.4.4：雷射二極體的動作原理

5-5 ▶ 季納二極體、雪崩二極體
～用於穩定電壓～

> ▶【季納二極體、雪崩二極體】
> 崩潰電壓為固定值。

季納二極體和**雪崩二極體**的使用方式稍微有些奇特,如 **2-10** 的說明,施加高逆向電壓後,二極體的特性會如圖 5.5.1 發生季納效應、雪崩崩潰,旋即形成逆向電流。瞬間流出大逆向電流時的電壓,稱為**崩潰電壓**(breakdown voltage),幾乎為固定的數值(圖 5.5.1 的 V_z)。

季納二極體和雪崩二極體是利用崩潰電壓的性質,作為釋出穩定電壓的元件。季納二極體是利用季納效應;雪崩二極體是利用雪崩崩潰,兩元間具有相似的特性。季納二極體的崩潰電壓較小;雪崩二極體的崩潰電壓較大。

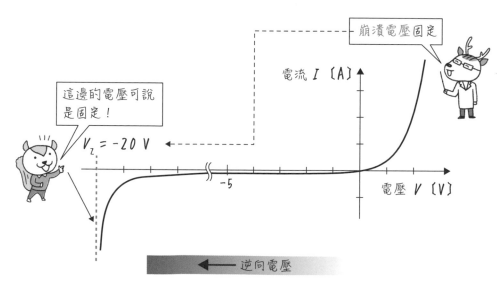

圖 5.5.1:二極體的電壓電流特性(逆向電壓時)

圖 5.5.2：季納二極體、雪崩二極體的圖形符號

圖 5.5.2 為季納二極體和雪崩二極體的圖形符號。兩者僅崩潰電壓不同而已，其餘特性皆相同，所以季納二極體和雪崩二極體的圖形符號一樣。由輸出固定電壓的二極體，又稱為**定電壓二極體**。

圖 5.5.3 是使用定電壓二極體，輸出固定電壓的「定電壓電路」。先如（a）不加定電壓二極體，以電動勢 V〔V〕、內部電阻 r〔Ω〕的電源驅動負載 R〔Ω〕。

內部電阻和負載電阻的合成電阻為 $R + r$〔Ω〕，所以負載流通的電流為 $I_L = V/(R+r)$。根據歐姆定律，負載的電壓為 $V_L = V \cdot R/(R+r)$，電阻值 R〔Ω〕會影響 V_L〔V〕。

然而，圖 5.5.3（b）的場合，因為有定電壓二極體，所以負載的電壓 $V_L = V_z$，會分出電流 I〔A〕流往二極體。

如同這個定電壓二極體，將非線性電壓電流關係的元件組進電路中，會發生歐姆定律不成立的現象。巧妙利用這項性質活用元件，也是電子電路的重要功能之一。

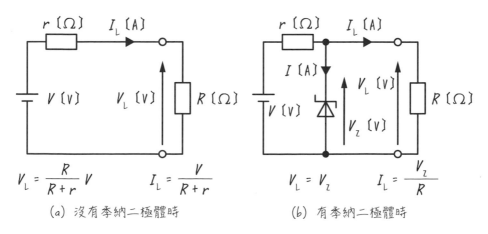

(a) 沒有季納二極體時　　　(b) 有季納二極體時

圖 5.5.3：定電壓電路的例子

5-6 ▶ 穿隧二極體（江崎二極體）
～穿過隧道～

 ▶【穿隧效應】
如同穿過隧道脫逃。

取名自發明**穿隧二極體**（tunnel diode）的江崎於奈博士，又稱為**江崎二極體**。這項元件利用了微觀世界中的神奇現象——**穿隧效應**，其發明的功績在 1973 年獲頒諾貝爾物理學獎賞。

關於穿隧效應，這邊以圖 5.6.1 來說明。兩個空間以牆壁區隔，（a）是「Yahoo!」聲音（音波）、（b）是石頭、（c）電子撞到牆壁的情況。（a）的狀況，聲音不會全部穿透牆壁，經由左側牆壁振動傳到右側，聲音變小且僅有部分穿透。

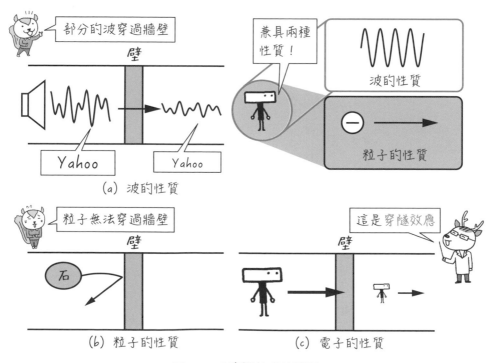

圖 5.6.1：穿隧效應的說明

（b）的狀況，石頭無法穿過牆壁，但若石頭具有破壞牆壁的能量，則能夠貫穿過去（參見本章後面的 COLUMN）。

如 **1-4** 的說明，電子兼具波和粒子兩種性質，可像（c）部分穿透過去。此現象彷彿電子穿過隧道，脫逃到牆壁另一側，所以稱為**穿隧效應**。牆壁愈薄，電子愈容易穿透隧道。

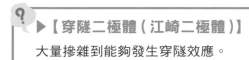

▶【穿隧二極體（江崎二極體）】
大量摻雜到能夠發生穿隧效應。

在穿隧二極體，為了引起穿隧效應，會大量摻雜 p 型和 n 型載體。相對於圖 5.6.2（a）的普通二極體，（b）穿隧二極體的 p 型半導體摻雜了大量電洞，n 型半導體摻雜了大量電子，且空乏區極端狹窄。

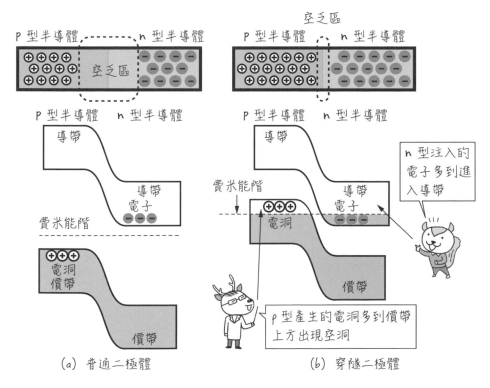

圖 **5.6.2**：穿隧二極體的構造

若用能帶結構說明的話，就是 n 型半導體的電子多到進入導帶，p 型半導體的電洞多到價帶上方的能階出現空洞。為了形成電洞而過度去除電子，結果已經不是孔洞了，感覺更像是整個剷除。

> **▶【負電阻】**
> 數值為負的電阻。

圖 5.6.3 為穿隧二極體的電壓與電流關係，隨著施加的電壓增加，在（1）會先順向流通電壓，電流量增加，在（2）會發生電流減少的神奇現象，在（3）會再度變回類似普通二極體的動作。如（2）電壓增加電流減少的情況，由歐姆定律可知（電阻）＝（電壓）／（電流）的數值會是負數。像穿隧二極體電阻變為負值的性質稱為**負電阻**（negative resistance），可運用於高頻放大、電子振盪電路、高速切換等方面。

圖 5.6.4 為圖 5.6.3 穿隧二極體特性的動作原理，兩圖的 ① ～ ⑤ 相互對應。在 ① 由於空乏區非常薄，電子和電洞可藉由穿隧效應自由移動。

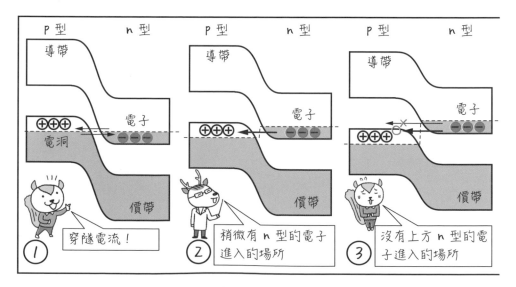

圖 5.6.4：圖 **5.6.3** 各點的穿隧二極體能帶結構

此時的電流稱為**穿隧電流**（tunneling current），跟普通二極體不同，能夠流通順向或者逆向電流。電壓上升後，n 型的電子穿隧到 p 型的價帶，n 型的導帶上恰好有 p 型的電洞前往的能階，能夠迅速形成電流，在 ② 能階一致時達到最大值。然而，如 ③ 繼續增加電壓後，能階會錯開使得穿隧電流減少，在 ④ 時降到最低值（這是形成負電阻的理由）。再進一步增加電壓，動作原理會如 ⑤ 跟普通的 pn 接合相同，空乏區消失，形成普通的順向電流。

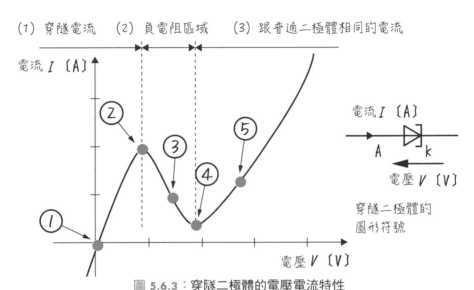

圖 **5.6.3**：穿隧二極體的電壓電流特性

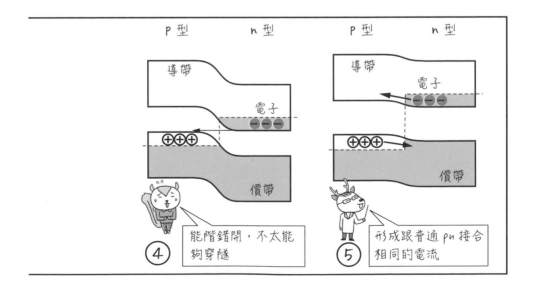

5-7 ▶ 可變電容二極體
〜變身成電容〜

> **❓ ▶【可變電容二極體】**
>
> 控制空乏區的大小。

可變電容二極體（variable capacitance diode）是，利用二極體的空乏區具有電容性質的元件。如 **3-8** 所述，pn 接合形成的空乏區具有電容性質。可變電容二

圖 5.7.1：可變電容二極體的圖形符號

極體是透過施加電壓形成空乏區，藉此控制靜電容量的元件，因此又稱為**變容二極體**（varicap diode）。由於是兼具電容性質的二極體，圖形符號如圖 5.7.1 也是由電容和二極體所組成。

各位應該在電路學[*1]、電磁學學習過，平行板電容的靜電容量 C〔F〕的公式為

$$C = \varepsilon \frac{S}{L}$$

ε〔F/m〕是兩板間的介質電容率，S〔m^2〕是平板面積，L〔m〕是兩板間的距離。若兩板間的介質相同，則平板面積愈大、兩板間距離愈小，靜電容量會愈大。

如圖 5.7.2，對二極體施加順向、逆向電壓，嘗試改變空乏區的大小。施加電壓時，平板面積不變，但兩板間的距離發生變化。空乏區變大時，L 值會變大、靜電容量會變小；空乏區變小時，L 值會變小、靜電容量會變大。但是，增加順向電壓會使空乏區消失，二極體不會發揮電容的性質，動作特性跟流通電流的導線相同。

---

*1　未學習過的人請參閱《文科生也看得懂的電路學 第 2 版》（碁峰資訊）等入門書籍。

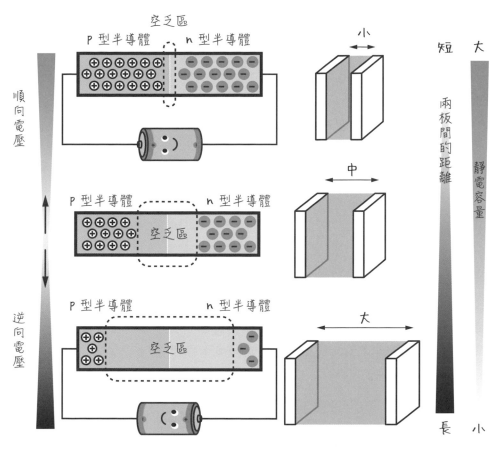

圖 5.7.2：可變電容二極體的動作原理

可變電容二極體通常不是通入電流來使用，而是在逆向電壓的範圍，藉由改變空乏區大小來控制靜電容量。普通二極體本身也可透過空乏區的大小來改變靜電容量，但作為產品製造出來的可變電容二極體，更能大幅度變化靜電容量。

這邊來討論 **5-3** PIN 二極體的靜電容量。由於 PIN 二極體正中間夾著本質半導體，空乏區會比 PD 還要大，靜電容量小於 PD。如 **3-8** 的說明，這表示寄生電容小，可知 PIN 二極體適合用於高頻電路。

5-8 ▶ 肖特基屏障二極體
～半導體與金屬的接合～

> **【肖特基屏障二極體】**
> 從半導體到金屬形成屏障。

如圖 5.8.1（a），這節來討論金屬接合半導體的 MS 接合（Metal-Semiconductor）。MS 接合與 pn 接合同樣具有整流作用，以發現者肖特基（Walter Schottky）教授命名為**肖特基屏障二極體**（SBD）。

圖 5.8.2 說明半導體為 n 型的 MS 接合能帶結構。（a）是接合前的能帶結構，金屬沒有能隙，費米能階的上方緊接著導帶。n 型半導體具有能隙，導帶下方緊接著施體能階，再更下方為費米能階。

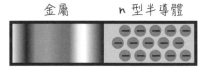

(a) 構造　　　　　　　　　　(b) 圖形符號

圖 5.8.1：肖特基屏障二極體

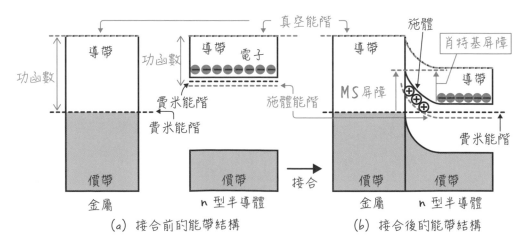

(a) 接合前的能帶結構　　　　　(b) 接合後的能帶結構

圖 5.8.2：MS 接合的能帶結構

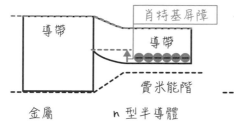

圖 5.8.3：SBD 的動作

(a) 施加順向電壓時，n 型連接負極
　→電子的能量提高

(b) 施加逆向電壓時，n 型連接正極
　→電子的能量降低

在討論 MS 接合時，必須考慮導帶最上方的能階——**真空能階**。給予物質中（被物質束縛）的電子躍升至真空能階的能量，則電子會脫離物質自由運動。另外，費米能階和真空能階之間的能量，稱為**功函數**。給予物質功函數大小的能量，電子能夠從物質跑至外部。

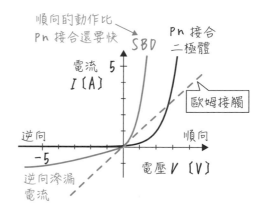

圖 5.8.4：SBD 的電壓電流特性

MS 接合的性質，會因金屬和半導體的功函數大小而改變。如圖 5.8.2（a），先來討論金屬功函數大於 n 型半導體功函數的情況。此時，接合後的能帶結構會如圖 5.8.2（b）所示。如 **2-7** 的說明，若未從外部給予能量，兩物質的費米能階會對齊接合，價帶、導帶的能階會配合能階對齊而變化。在金屬和 n 型半導體的接合處（介面），為了讓價帶最上方、真空能階各自對齊，摻入 n 型半導體的電子會往右側移動，帶正電的施體會殘留在接合處附近。n 型半導體的能帶結構會像這樣呈現彎曲。

n 型半導體的載體（導帶附近的電子）為了往金屬側移動，必須跨越圖 5.8.2（b）中的**肖特基屏障**。如圖 5.8.3，（a）施加順向電壓時，屏障會變小；（b）施加逆向電壓時，屏障會變大，電壓方向會影響電流容不容易流通，如圖 5.8.4 展現具有整流作用的電壓電流特性。

相較於 pn 接合二極體，低電壓就能流通順向電流，所以 SBD 運用於高速動作。但是，由於圖 5.8.2（b）的 MS 屏障高度並未改變，從金屬到半導體的屏障沒有變化，所以總是會滲漏逆向電流。

如同上述，MS 接合能夠產生整流作用。為防止普通二極體、電晶體的金屬端子發生這樣的整流作用，會選擇功函數小於半導體的金屬材料，以防形成肖特基屏障。此時的電流和電壓的關係，會如圖 5.8.4 滿足歐姆定律，這樣的接合稱為**歐姆接觸**（ohmic contact）。

EXERCISES
第 5 章　練習題

〔1〕太陽光具有哪些波長的光？

練習題解答

〔1〕具有多種波長的光（參見 **5-4**）。

【補充】為了對應各種波長盡可能增加發電量，目前正在檢討使用多重能隙結構的太陽能電池。

> **COLUMN**　「穿過」隧道～波粒二象性的再檢討～
>
> 　　在 **5-6**，介紹了電子穿透牆壁的穿隧效應。這項神奇的現象，來自電子兼具波和粒子的性質。業者在說明穿隧效應時，電子作為波時會說成「穿透」；作為粒子時會說成「鑽過」、「穿過」。讀到相應的地方時，有些人或許會感到不對勁。
>
> 　　如同上述，電子既能看作「波」也能看作「粒子」，所以在分別說明電子的波性質和粒子性質時，使用方便表達的字詞就行了。

第**6**章

各種電晶體

II. 元件的動作原理

基本上，電晶體多是設計成用來「放大」的元件。

6-1 ▶ 光電晶體
〜檢測並放大光訊號〜

> **▶【光電晶體】**
>
> 檢測光線，並且放大訊號。

光電晶體（phototransistor）是，以光電二極體檢測光訊號，並用電晶體放大訊號的元件。如圖 6.1.1（a），光電晶體由 1 個光電二極體和 1 個電晶體組成，先像（b）一樣連接再像（c）封裝成單一元件。實物大多與光電二極體相似，購買時請多加注意。

作為利用光電二極體的裝置，還有圖 6.1.2 的**光電耦合器**（Photocoupler）。這是將輸入的電訊號轉為 LED 光訊號，再於輸出側的光電晶體再度轉回電訊號的裝置。輸入和輸出皆以光（Photo：不是英語的「照片」，而是希臘語的「光」）聯繫（Couple：成對、結合），所以稱為光電耦合器。

光電耦合器強大之處在於可先將輸入訊號暫時轉為光，再於輸出側轉回電訊號，輸入側電路和輸出側電路能夠做到電力上的隔離。比如，使用馬達和電磁鐵的裝置，會因逆感應電動勢[1]產生雜訊。如圖 6.1.3（a），以放大電路放大控制電路的訊號，驅動馬達、電磁鐵時會產生雜訊。由於控制電路、放大電路、馬達和電磁鐵以電力聯繫，產生的雜訊會對控制電路帶來不好的影響。

因此，如圖 6.1.3（b），將控制電路的控制訊號暫時轉為光，能夠阻止產生的雜訊逆流回控制電路。LED 設計特化成發出光亮、光電耦合器設計特化成檢測光亮，幾乎不會發生 LED 檢測光亮、光電晶體發出光亮的相反動作。

---

[1] 詳細解說請參閱《文科生也看得懂的電路學 第 2 版》（碁峰資訊）等。

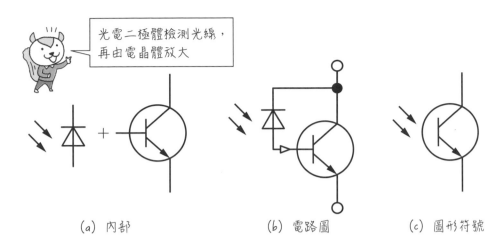

（a）內部　　　　　（b）電路圖　　　（c）圖形符號

圖 6.1.1：光電晶體

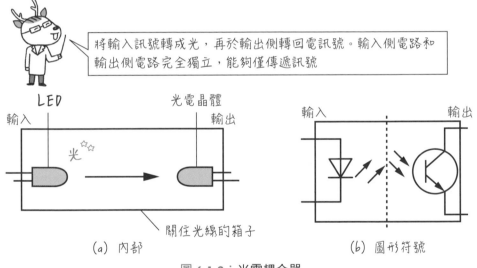

（a）內部　　　　　　　　　　　（b）圖形符號

圖 6.1.2：光電耦合器

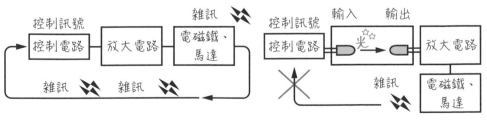

（a）雜訊逆流　　　　　　（b）防止產生雜訊逆流

圖 6.1.3：光電耦合器的使用例子

6-2 ▶ 閘流體
〜以閘極開啟開關〜

> ❓ ▶【閘流體】
> 如同閘門具有開關電流的功能。

閘流體（Thyristor）是美國 RCA 公司的商標，據說名稱的由來是，如同閘門（希臘語 $\theta \upsilon \rho \alpha$）發揮開關電流功能的電晶體（Transistor）。如圖 6.2.1，閘流體是由 pnpn 四層半導體組成，正中間 n 型半導體的電子濃度非常稀疏。

圖 6.2.2 為閘流體的動作示意圖。如（a）閘極端子未施加電壓時，陽極、陰極間不流通電流，元件處於 OFF 狀態。因為「p → n」為順向，而「n → p」為逆向的緣故。

於是，如（b）對閘極施加電壓，流通右側的 p 型－ n 型（濃密）的順向電流。結果，n 型（稀疏）右端的少數載體電洞向右滲漏，p 型左端的少數載體電子向左滲漏。n 型（稀疏）因濃度稀薄容易發生雪崩崩潰（參見 **2-10**），不斷流通電子，元件處於 ON 狀態。如（c），雪崩崩潰即便關掉電壓仍會發生，ON 狀態會持續到陽極、陰極間的電源用盡。

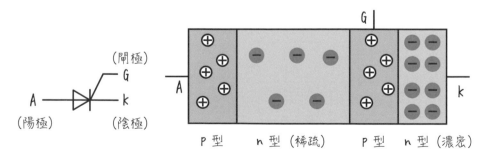

圖 6.2.1：閘流體的圖形符號與構造

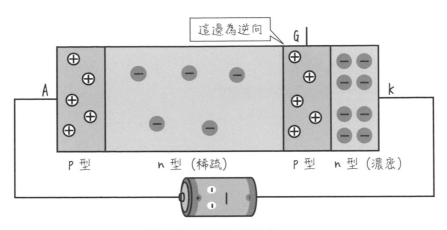

(a) 閘極未施加電壓時：OFF

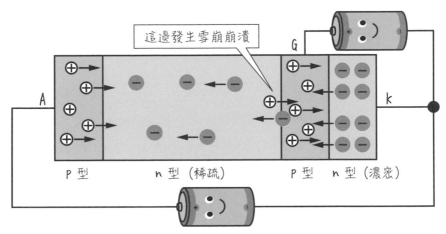

(b) 閘極施加電壓時：ON

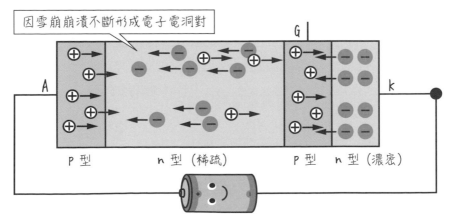

(c) 關掉閘極電壓後：ON

圖 6.2.2：閘流體的動作

各種電晶體

6-3 ▶ IGBT
～非常強大的電晶體～

> ▶【IGBT】
>
> 輸入端絕緣的元件。

IGBT 擷取了電晶體和 MOSFET 的優點。**絕緣柵雙極電晶體**（Insulated Gate Bipolar Transistor）名稱非常長，簡單說就是具有如 MOSFET 氧化物絕緣閘極的雙極電晶體。示意圖如圖 6.3.1 所示，輸入使用 MOSFET、輸出使用電晶體的感覺。

如圖 6.3.2，IGBT 是由上面像是 n 通道 MOSFET 的部分，和下面像是 pnp 電晶體的部分組成。對閘極施加電壓後，上半部的 MOSFET 會變成 ON，在 p 型形成反轉層。結果，電子從射極的 p 型向下移動至集極的 p 型；電洞從下半部的 p 型移動至上半部，流通大的集極電流。

圖 6.3.3 為與 IGBT 等效的 MOSFET 和電晶體的組合電路，恰好是 n 通道 MOSFET 和 pnp 電晶體的組合形式。由此電路圖也可知，輸入為電壓驅動的 MOSFET、輸出為電晶體的集極。如圖 6.3.2，流通電流的 n 型（稀疏、濃密）與下半部 p 型的寬幅廣大，集極電流為大電流也沒關係。

實際上，MOSFET 因為反轉層非常狹窄，存在不太能夠流通大電流的缺點，但作成 IGBT 後，變得能夠流通大電流。

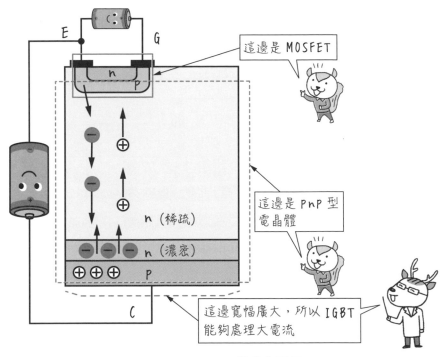

圖 6.3.1：MOSFET ＋電晶體＝ IGBT

這邊是 MOSFET

這邊是 PnP 型電晶體

這邊寬幅廣大，所以 IGBT 能夠處理大電流

n (稀疏)

n (濃密)

圖 6.3.2：IGBT 的動作原理

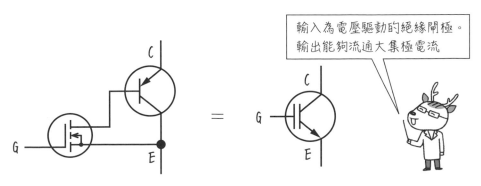

輸入為電壓驅動的絕緣閘極。輸出能夠流通大集極電流

圖 6.3.3：以 MOSFET 和 pnp 電晶體表示的 IGBT

第 6 章　練習題

〔1〕 光電耦合器是先將電訊號轉為 LED 光，再於光電晶體將光轉回電訊號的元件。明明是輸出相同的訊號，為何要特地使用光電耦合器呢？

練習題解答

〔1〕 因為 LED 側的電路和光電晶體的電路能夠做到電力上的隔離（參見 **6-1**）。

【補充】作為光電耦合器的應用例子，**6-1** 舉了雜訊對策。除此之外，在電源不同的複數放大電路（地上接地的電壓基準不同時），放大電路間的訊號來往也會使用光電耦合器。

> **COLUMN** 光束攻擊
>
> 　　光束（beam）英文意為「光的集束」。是否曾經在電影、卡通場景中，看過主角朝著敵人發射直進的光線攻擊呢？
>
> 　　答案是 Yes。實際上，雷射的能量非常強大，照射到雷射光的物質會在極狹小的範圍內發熱。聽說筆者的朋友在使用雷射的實驗中，就因領帶照到雷射而燒起來。
>
> 　　但是，雷射光無法中途停止。若像刀劍一樣揮舞，光會向後側直進打到自己的同伴。電影、卡通中出現的光劍武器，理論上是做不出來的。
>
>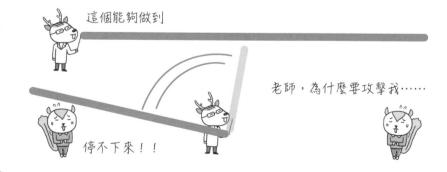

電晶體放大電路

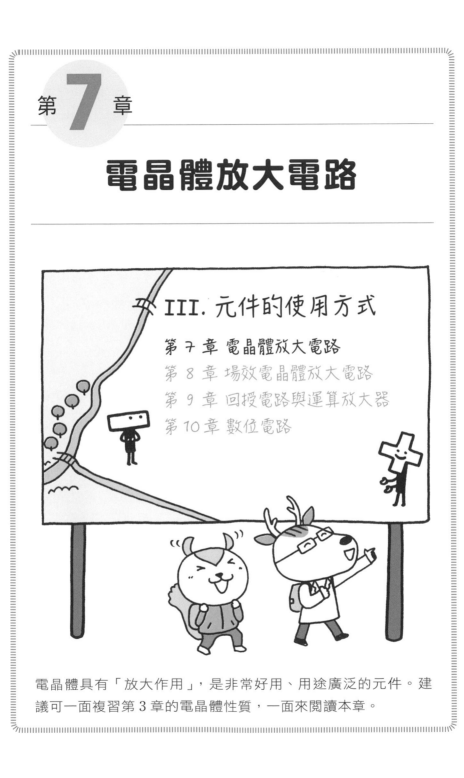

電晶體具有「放大作用」，是非常好用、用途廣泛的元件。建議可一面複習第 3 章的電晶體性質，一面來閱讀本章。

7-1 ▶ 訊號與電源
～區別交流與直流吧～

> **▶【訊號與電源】**
>
> 訊號為交流，電源為直流。

在電子學世界，訊號和電源經常分開來處理。

約定俗成**訊號為交流、電源為直流**。如圖 7.1.1（a），麥克風發出的聲音訊號，是隨時間強弱變化的電力，所以分類為「交流」。而如圖 7.1.1（b）的電池，供給電源的裝置總是給予固定電力，所以分類為「直流」。使用半導體放大訊號時，會供給半導體直流電。

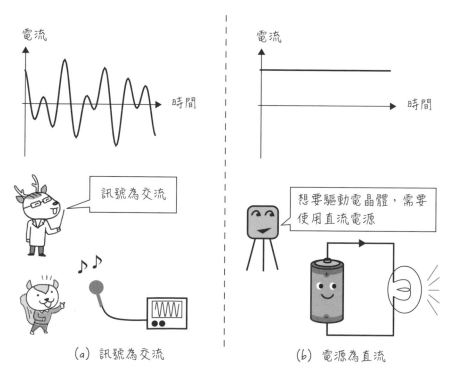

(a) 訊號為交流　　　　　(b) 電源為直流

圖 7.1.1：訊號為交流，電源為直流

在設計電路時，元件的性質會因交流和直流而異，電力需要分成交流成分、直流成分來討論。訊號的交流成分和電源的直流成分有時會混在一起，所以會用表 7.1.1 來表述交流成分、直流成分、混合成分。這邊也請參照第 3 章圖 3.3.1 中的「量符號的表記方式」，交流成分全使用小寫字母；直流成分全使用大寫字母；混合成分使用小寫字母下標大寫字母。

圖 7.1.2 為電晶體輸入側的例子。輸入訊號 v_i〔V〕以交流電源符號 $\bigodot$ 表示，下面串聯 V_{BB}〔V〕的直流電 ，則電晶體基極、射極之間的電壓為

$$\underbrace{v_{BE}}_{\text{基極電壓（合計的輸入）}} = \underbrace{V_{BB}}_{\text{直流成分}} + \underbrace{v_i}_{\text{交流成分（輸入訊號）}}$$

表 7.1.1：直流成分、交流成分的表記方式

圖 7.1.2 的例子	成分	表記方法	其他例子
直流電壓 V_{BB}	僅有直流成分	大寫字母下標大寫字母	I_B、I_C、V_{CE}
輸入訊號 v_i	僅有交流成分	小寫字母下標小寫字母	i_b、i_c、v_{ce}
基極電壓 v_{BE}	直流成分＋交流成分	小寫字母下標大寫字母	i_B、i_C、v_{CE}

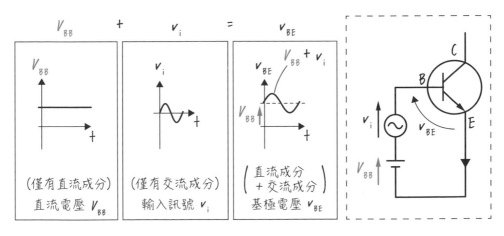

圖 7.1.2：電晶體輸入側的例子

7-2 ▶ 偏壓的思維
～必須使用偏差電壓～

> ▶【偏壓】
>
> 以直流電源讓電壓產生偏差。

偏差（bias）意為偏見、成見、偏頗的看法等。在日常生活上，會使用「出現偏差」的說法。比如，報社、電視局在報導相同議題時投入的積極程度不同，就是簡單易懂的偏差例子。

在電子學中，會以偏差電壓來驅動電晶體。由於電晶體是 pn 接合元件，必須施加順向電壓才能動作，所以電子電路會刻意讓電壓產生偏差，以便無論順向或者逆向都能驅動電晶體。

圖 7.2.1 為沒有任何偏壓時，電晶體輸入交流訊號的情況。這是第 3 章圖 3.1.1 的電路，將直流電壓 V_{BB}〔V〕換成交流訊號 v_i〔V〕的示意圖。

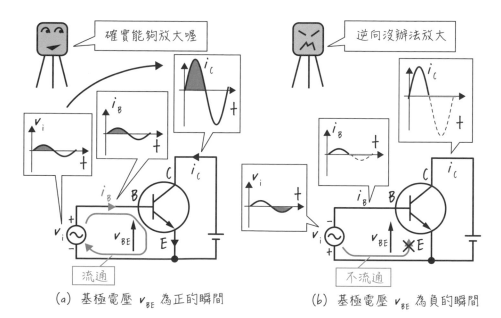

(a) 基極電壓 v_{BE} 為正的瞬間　　(b) 基極電壓 v_{BE} 為負的瞬間

圖 7.2.1：沒有偏差時

如（a）訊號為順向電壓 [1] 時，會流通基極往射極的基極電流 i_B〔A〕，經由放大作用形成大的集極電流 i_C〔A〕。然而，如（b）訊號為逆向電壓時，由於無法流通基極電流 [2]，不會形成集極電流。電晶體不能輸入正負混合的交流訊號。

因此，我們會如圖 7.2.2 導入偏差電壓 V_{BB}〔V〕。電晶體的輸入電壓為輸入訊號 v_i〔V〕加上偏差電壓 V_{BB}〔V〕。

$$v_{BE} = V_{BB} + v_i$$

基極電壓（合計的輸入）　直流成分（偏差電壓）　交流成分（輸入訊號）

讓偏差電壓 V_{BB}〔V〕大於 v_i〔V〕的負成分，則輸入的 v_{BE}〔V〕總是為正值。透過添加偏壓，無論訊號 v_i〔V〕是正是負，都能流通基極電流 i_B〔A〕放大訊號，輸出大的集極電流 i_C〔A〕。

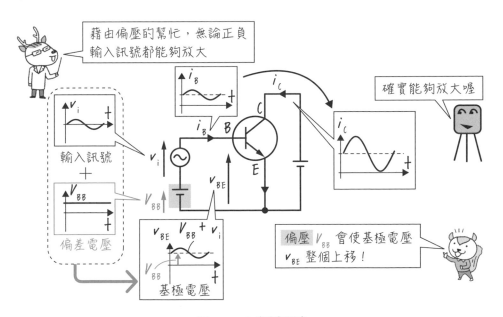

圖 7.2.2：有偏壓時

---

[1] 在基極為 p 型、射極為 n 型半導體的 pn 接合，v_{BE}〔V〕為正時產生順向電壓。

[2] pn 接合無法流通逆向電流。

7-3 ▶ 地下接地與地上接地
～一口氣捨棄不必要的訊號～

> **?** ▶【地下接地與地上接地】
>
> 地下連接地球，地上連接電路。

接地是電力上重要的思維。如圖 7.3.1 以線連接地球的接地，稱為**地下接地**（**earth**）。地球的英文為 earth，相較於人類體積非常龐大，容易導通電力，故可作為電力的逃逸路徑。微波爐、洗衣機上的綠色線，具有將漏水等事故產生的危險電力排至地球的功能。

在電子電路，接地也很重要。打雷、其他電子機器發出的靜電、磁力的影響等，電子電路常會接收到不必要的訊號。這個不必要的訊號稱為**雜訊**（**noise**），電路需要能夠不讓外部雜訊溢入且不讓內部雜訊溢出。在專業術語上，稱為**電磁相容性**（**EMC**：**electromagnetic compatibility**）。

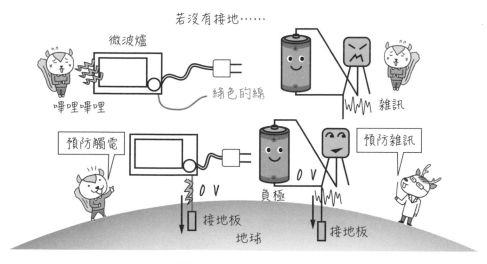

圖 **7.3.1**：地球容易通電

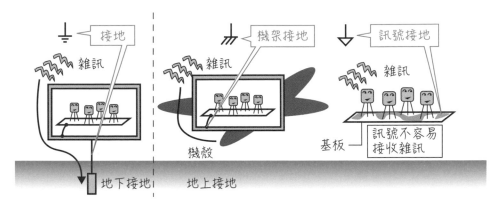

圖 **7.3.2**：地下接地與地上接地

但是，智慧手機等小型可攜帶機器無法地下接地。如圖 7.3.2，真正作成電力逃至地面路徑的是**地下接地**；未連接地面而連接大面積導體，以便在電路中保持等電位的，稱為**地上接地**（ground）。這邊的 ground 不是「大地」的意思，而是指電位「基點」[*1]。地上接地具有減少雜訊，發揮類似地下接地的功能。地上接地大致分為，飛機、汽車等以機體（未連接地面）為共通導體的**機架接地**（frame ground），和智慧手機等以配置元件的基板為大面積導體的**訊號接地**（signal ground）。

在電路中，通常是將主電源（為了形成放大電流而通入的電源）的負極接地。在圖 7.3.3，V_{CC}〔V〕為主電源，負極連接的接地以藍色粗線表示。即便電路圖沒有接地符號，電子電路的設計業者也會約定俗成將這樣的基準線視為接地。在電子電路，應該接地的線一般稱為**接地線**。

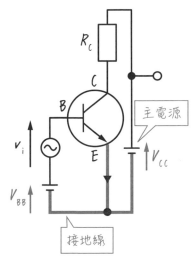

圖 **7.3.3**：接地線

---

*1 除了雜訊對策、EMC 的專業書籍之外，其他地方不太區別 earth 和 ground。本書後面若無特別聲明，也不區別地下接地和地上接地。

7-4 ▶ 集極電阻與三個基本放大電路
～以電阻分出電壓～

 ▶【集極電阻】
將集極電流轉為電壓。

在 **7-2** 圖 7.2.2 的電路，裝入如圖 7.4.1（a）的電阻 R_c〔Ω〕後，兩端會產生電壓 $R_c i_c$〔V〕[1]。結果，接地和集極間的輸出電壓變成 $V_{cc} - R_c i_c$〔V〕。像這樣為了從集極電流分出電壓，連接集極的電阻稱為**集極電阻**。

電晶體具有三條端子，根據接地的端子可分成三種：（a）**射極接地放大電路**、（b）**基極接地放大電路**、（c）**集極接地放大電路**。（a）為射極連接接地端 [2]；（b）為基極連接接地端；（c）為集極連接接地端。乍看之下，（c）的集極像是連接電源 V_{cc}〔V〕，但討論訊號（交流）成分的電流時，會假設直流電壓為 0V（短路）（參見 **7-15**），集極可視為接地。

在第 7 章，會從基本的（a）射極接地放大電路講起，本節先來說明直流電源的連接方式。

首先，是偏壓用的直流電源，npn 型電晶體的場合，基極與射極存在 pn 接合，BE 間可視為二極體的陽極（A）和陰極（K）。換言之，基極需為正電壓側、射極需為負電壓側。因此，偏壓電源的正極要接到基極、負極要接到射極。

接著是主電源，通入放大電流的電源 V_{cc}〔V〕必須往集極流通電流，所以集極側得連接正極。由接地的思維可知，負極理所當然為接地。

---

*1 根據歐姆定律（電壓為電阻乘上電流）。

*2 射極不是真的接到地球，而是採取地上接地，也就是連接到主電源的負極。射極接地的電路不是全都地下接地。請參見 **7-3** 的註腳 *1 。

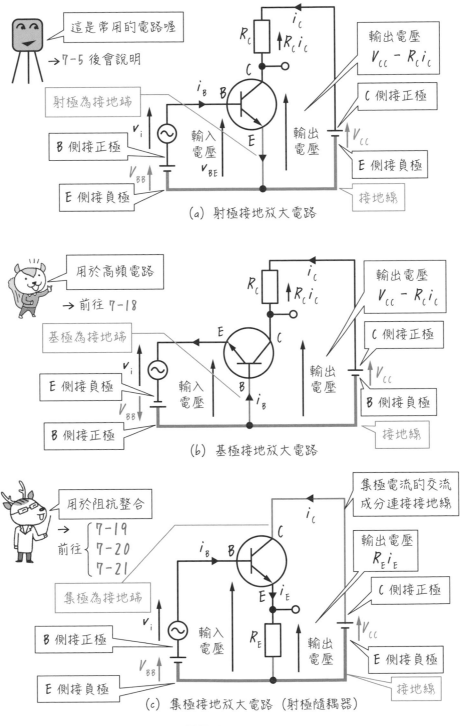

這是常用的電路喔

→7-5 後會說明

射極為接地端

B 側接正極

E 側接負極

輸入
電壓
v_{BE}

R_C $R_C i_C$

i_C

輸出電壓
$V_{CC} - R_C i_C$

C 側接正極

V_{CC}

E 側接負極

接地線

(a) 射極接地放大電路

用於高頻電路

→ 前往 7-18

基極為接地端

E 側接負極

B 側接正極

輸入
電壓

R_C $R_C i_C$

i_C

輸出電壓
$V_{CC} - R_C i_C$

C 側接正極

V_{CC}

B 側接負極

接地線

(b) 基極接地放大電路

用於阻抗整合

前往 { 7-19 7-20 7-21

集極為接地端

B 側接正極

E 側接負極

輸入
電壓

集極電流的交流
成分連接接地線

i_C

輸出電壓
$R_E i_E$

C 側接正極

V_{CC}

E 側接負極

接地線

R_E

輸出
電壓

(c) 集極接地放大電路 (射極隨耦器)

圖 7.4.1：電晶體的三個基本放大電路

7-5 ▶ 射極接地放大電路的基本動作
～分開討論直流和交流～

❓▶【射極接地放大電路】
電壓的輸入與輸出反轉 ➡ 逆相位！

本節將會說明圖 7.5.2 的射擊接地放大電路動作時，電路各處的電壓、電流如何動作。輸出入的電壓會如圖 7.5.1 的 v_1〔V〕和 v_2〔V〕正負反轉，形成逆相位。

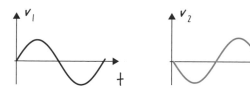

圖 **7.5.1**：逆相位

- ① 輸入訊號 v_i〔V〕、② 偏壓 V_{BB}〔V〕、③ 輸入電壓（基極電壓）v_{BE}〔V〕：如 **7-2** 的說明，輸入電壓為交流訊號加上直流偏壓。

- ④ 輸入電流 i_B〔A〕：對基極施加帶有偏壓的電壓 v_{BE}〔V〕，基極流入混合直流成分和交流成分，輸入電流為 $i_B = I_B + i_b$。

- ⑤ 輸出電流（集極電流）i_C〔A〕：如 **3-5** 所述，基極電流 i_B〔A〕流通後，集極電流會變成小訊號電流放大率 h_{fe} 倍，輸出電流為 $i_C = h_{fe}\, i_B$。

- ⑥ 集極電阻的電壓 $R_C\, i_C$〔V〕：根據歐姆定律，集極電阻的電壓會是 $R_C\, i_C$〔V〕。僅是 i_C〔A〕變為 R_C 倍，波形會與 i_C〔A〕相同。

- ⑦ 輸出電壓 v_{CE}〔V〕：由電路圖可知，輸出電壓 v_{CE}〔V〕為接地到集極端子的電壓，會是主電源 V_{CC}〔V〕減去集極電阻的電壓 $R_C\, i_C$〔V〕，即 $v_{CE} = V_{CC} - R_C\, i_C$。

- ⑧ 輸出電壓的交流成分（僅圖 7.5.3）v_{ce}〔V〕：僅抽出圖 7.5.3 輸出電壓的交流成分，表示為 v_{ce}〔V〕。

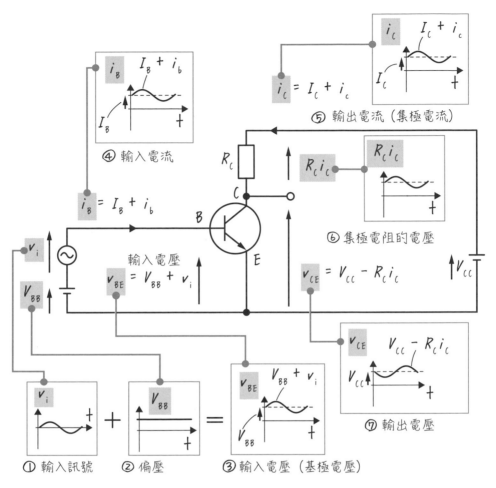

圖 **7.5.2**：射擊接地放大電路動作時的電壓、電流

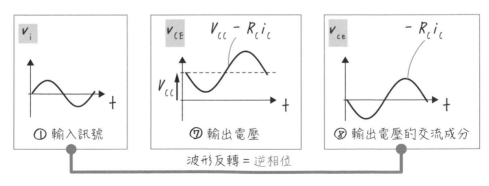

波形反轉＝逆相位

圖 **7.5.3**：輸出入電壓交流成分反轉的情況

7-6 ▶ 電晶體的電壓電流關係
〜看得懂關係圖就行了〜

> **❓▶【非線性量的關係】**
> 全靠關係圖！

電子學中的電壓電流關係基本上為非線性[*1]。非線性的關係無法像「正相關」一樣表為簡單的式子。因此，我們需要用實驗量測，製作電壓與電流的非線性關係圖。這節會說明如何使用電壓與電流的關係圖，從輸入訊號的波形推導輸出訊號的波形。

比如，如圖 7.6.1 施加輸入電壓 v_{BE}〔V〕時，討論輸入電流 i_B〔A〕如何變化。假設 v_{BE}〔V〕以 0.6 V 為中心做 ±0.05 V 幅度的振動：

$$v_{BE} = \underline{V_{BB}} + \underline{v_i} \diagup 交流（在 - 0.05\ V 和 + 0.05\ V 之間振動）$$
$$\text{──────直流（0.6 V）}$$

此時的基極電壓和基極電流的關係，會是第 3 章圖 3.5.2 的靜態特性。如圖 7.6.2 所示，從圖 3.5.2（3）輸入之間的關係擷取 I_B〔A〕和 V_{BE}〔V〕的關係，旋轉關係圖並在 v_{BE}〔V〕的波形上取最小值和最大值，就能推得 i_B〔A〕的波形情況[*2]。

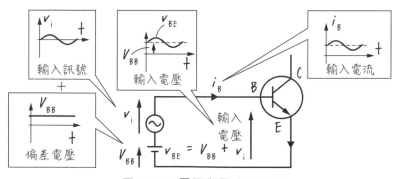

圖 7.6.1：電壓與電流的關係

---

*1 參見第 8 頁的「電路學與電子學的不同〜是線性還是非線性〜」。

*2 因為關係圖不是筆直直線，所以真正的電流波形有些歪斜。實際驅動電晶體時，會在波形歪斜不對整體電路動作造成影響的小歪斜範圍內使用。

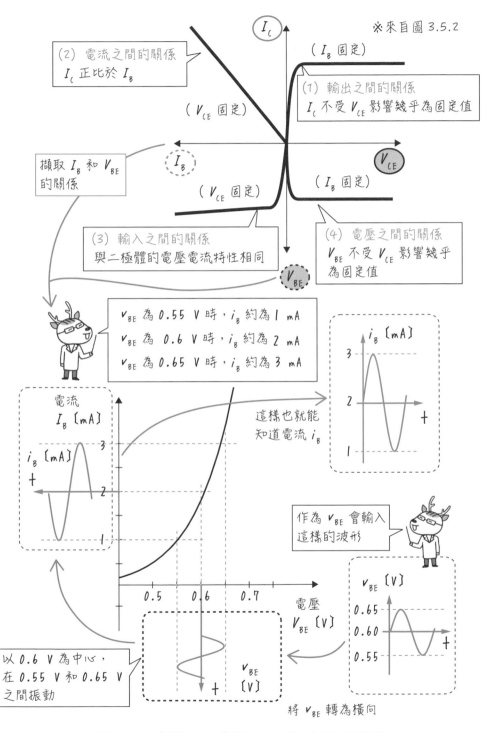

※來自圖 3.5.2

(2) 電流之間的關係
I_C 正比於 I_B

(V_{CE} 固定)

I_C

(I_B 固定)

(1) 輸出之間的關係
I_C 不受 V_{CE} 影響幾乎為固定值

V_{CE}

擷取 I_B 和 V_{BE} 的關係

I_B

(V_{CE} 固定)

(I_B 固定)

(3) 輸入之間的關係
與二極體的電壓電流特性相同

(4) 電壓之間的關係
V_{BE} 不受 V_{CE} 影響幾乎為固定值

V_{BE}

v_{BE} 為 0.55 V 時，i_B 約為 1 mA

v_{BE} 為 0.6 V 時，i_B 約為 2 mA

v_{BE} 為 0.65 V 時，i_B 約為 3 mA

i_B 〔mA〕

3

2

1

t

這樣也就能知道電流 i_B

電流 I_B 〔mA〕

i_B 〔mA〕

3

2

1

t

作為 v_{BE} 會輸入這樣的波形

v_{BE} 〔V〕

0.65

0.60

0.55

t

以 0.6 V 為中心，在 0.55 V 和 0.65 V 之間振動

0.5   0.6   0.7

v_{BE} 〔V〕

電壓 V_{BE} 〔V〕

將 v_{BE} 轉為橫向

圖 7.6.2：由圖 3.5.2 的關係圖求電壓與電流的關係

7-7 ▶ 負載線
～電晶體輸出的電壓與電流關係～

> ▶【負載線】
>
> 描述電晶體輸出的電壓與電流關係的線。

描述電晶體輸出的電壓與電流關係的線，稱為**負載線**（load line）。這節會以圖 7.7.1 的射極接地放大電路，討論輸出電壓 V_{CE}〔V〕和輸出電流 I_C〔A〕（集極電流）的關係。圖 7.7.2（a）為擷取第 3 章圖 3.5.2 的 V_{CE}〔V〕和 I_C〔A〕的關係圖。（a）是為了簡化而「固定基極電流 I_B」的關係圖，而（b）是調查各種基極電流值的關係圖。

假設電晶體的直流電流放大率為 100，也就是 I_C〔A〕為 I_B〔A〕的 100 倍。此時，V_{CE}〔V〕和 I_C〔A〕的關係會如圖 7.7.3[*1]。這樣就成功整合了基極電流 I_B〔A〕、集極電流 I_C〔A〕、輸出電壓 V_{CE}〔V〕的關係。

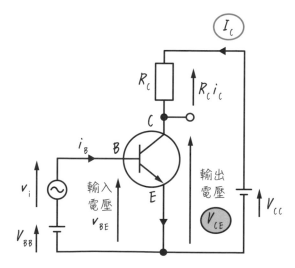

圖 7.7.1：調查射極接地放大電路的電壓與電流關係

[*1]　雖然例圖 I_B〔A〕僅有五個數值，但也可畫 1.2 mA、1.8 mA 等介於 1 mA 到 5 mA 之間的線。

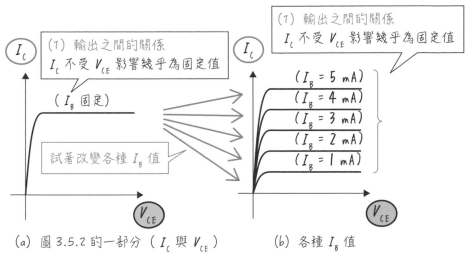

(a) 圖 3.5.2 的一部分（I_{C} 與 V_{CE}）　(b) 各種 I_{B} 值

圖 **7.7.2**：圖 **3.5.2** 的一部分（I_{C} 與 V_{CE}）

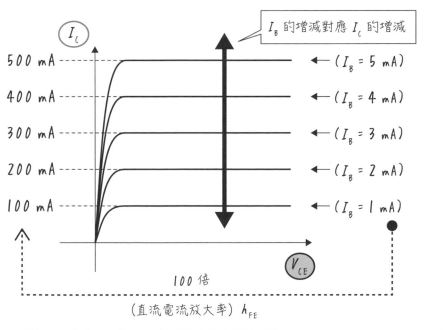

圖 **7.7.3**：基極電流 I_{B}、集極電流 I_{C}、輸出電壓 V_{CE} 的關係圖

接著，以圖 7.7.4 討論輸入的基極電流改變時，輸出電壓 V_{CE}〔V〕和輸出電流（集極電流）I_C〔A〕會如何變化。交流成分後面再來考慮，先來看數值固定的直流成分。

由圖 7.7.4 的電路圖可知，集極電阻的電壓 $R_C I_C$〔V〕加上輸出電壓 V_{CE}〔V〕會是電源電壓 V_{CC}〔V〕，數學式為

$$R_C I_C + V_{CE} = V_{CC} \quad \cdots\cdots (\#)^{*2}$$

因此， 輸出電壓 V_{CE}〔V〕會大於 0、小於電源電壓 V_{CC}〔V〕。同時，這也決定了集極電流 I_C〔A〕的範圍。

比如，假設電源電壓 V_{CC} = 12 V、集極電阻 R_C = 30 Ω，試求輸出電壓 V_{CE}〔V〕和輸出電流（集極電流）I_C〔A〕的範圍。如同剛才的說明，輸出電壓 V_{CE}〔V〕介於 0 V 和 12 V 之間。而集極電流的範圍，則是調查輸出電壓 V_{CE}〔V〕為 0 V 和 12 V 時的情況：

● V_{CE} = 0 V 時

電壓全部施加於集極電阻，可知 $R_C I_C$ = 12 V。由此可求得下式，相當於圖 7.7.4 中★的位置。

$$I_C = \frac{V_{CC}}{R_C} = \frac{12 \text{ V}}{30 \text{ Ω}} = 0.4 \text{ A} = 400 \text{ mA}$$

● V_{CE} = 12 V（V_{CC}）時

電源電壓全部為輸出電壓，可知 $R_C I_C$ = 0 V。因此，I_C = 0 A，相當於圖 7.7.4 中☆的位置。

綜上所述，V_{CE}〔V〕在 0 V 和 12 V 之間時，I_C〔A〕會在 0 mA 和 400 mA 之間移動。如圖 7.7.4，輸出電壓 V_{CE}〔V〕和輸出電流（集極電流）I_C〔A〕的移動範圍（★和☆之間）以線（─）連接的圖形，稱為**負載線**。負載線描述了電晶體的可動作範圍。當集極電阻、電源電壓改變時，負載線的位置也會跟著移動。

---

*2 擅長數學的人可移項式（#），得到一次函數 $I_C = -V_{CE}/R_C + V_{CC}/R_C$，看出這是以 I_C 為 y 軸、以 V_{CE} 為 x 軸的負載直線。

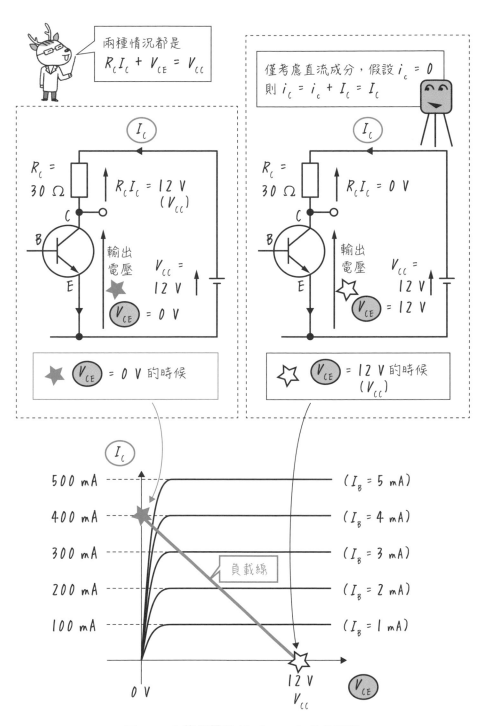

圖 7.7.4：集極電阻 R_C 為 30 Ω 的負載線

7-8 ▶ 動作點
～輸入訊號為零的時候～

 ▶【動作點】

在無訊號時動作的點。

這節開始會從射極接地放大電路的輸入來求輸出。此時，負載線輸入訊號為零的地方，在設計上具有重要的意義。

在 **7-6** 説明了，如何由圖 7.8.1 射極接地放大電路的輸入電壓 v_{BE}〔V〕求輸入電流 i_{B}〔A〕，這節會解説使用負載線求輸出電流 i_{C}〔A〕和輸出電壓 v_{CE}〔V〕的方法。

由 **7-6** 求得的輸入電流 i_{B}〔A〕值，如圖 7.8.2 將 i_{B}〔A〕擺到負載線的右側吧 ①。如此一來，如 ② 可由 i_{B}〔A〕的範圍暸解 i_{C}〔A〕的範圍。然後，對應 ③ i_{C}〔A〕的範圍，也能夠知道 ④ v_{CE}〔V〕的範圍。

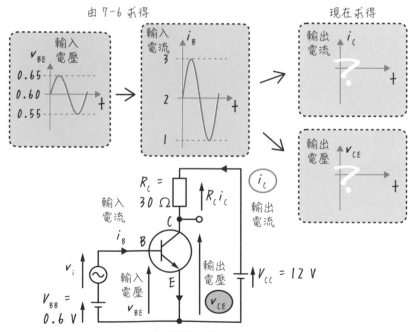

圖 **7.8.1**：以射極接地放大電路求輸入與輸出

接著，討論輸入訊號為零的情況。現在，將輸入訊號 v_i〔V〕想成是 這樣波形。如圖 7.8.3，輸入訊號為零時 v_{BE}〔V〕一直是 0.6 V，而輸入電流 i_B〔A〕為 2 mA。在負載線上尋找 i_B〔A〕為 2 mA 的地方，i_C〔A〕會是 200 mA、v_{CE}〔V〕會是 6 V。如此，輸入訊號為零、電晶體動作時負載線上的點，稱為**動作點**（working point）。

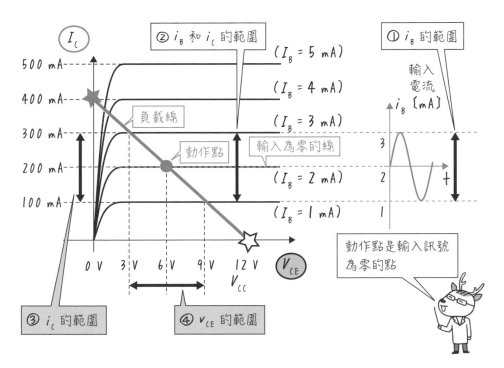

圖 **7.8.2**：在負載線旁邊畫出 I_B 的關係圖

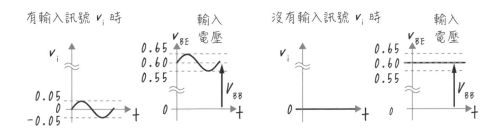

圖 **7.8.3**：有無輸入訊號 v_i 時的輸入電壓 v_{BE}

由圖 7.8.2 可知，輸出電流 i_C〔A〕和輸出電壓 v_{CE}〔V〕的波形範圍（最大處、最小處、中心）。i_C〔A〕是以 200 mA 為中心，在 100 mA 到 300 mA 之間振動；v_{CE}〔V〕是以 6 V 為中心，在 3 V 到 9 V 之間振動。圖 7.8.4 為兩者的關係圖。

在此關係圖，為了不與 i_C 混淆，習慣將輸入電流 i_B〔A〕旋轉成負載線的斜率來表示。另外，需要注意的是，此關係圖的時間軸並不僅為橫軸，還會朝向其他方向。在其他電子學的書籍，也會收錄如此繪製的圖形。此圖就是這麼的重要。

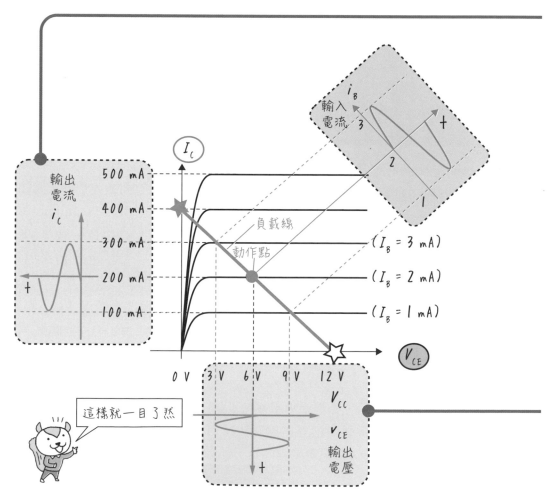

圖 **7.8.4**：射極接地放大電路動作時的電壓、電流

有些讀者應該不習慣圖 7.8.4 的關係圖吧,所以這邊在圖 7.8.5 表成以橫軸為時間軸的圖形。根據集極電阻的不同,輸出電壓會與輸入的相位相反。

接著調查電壓和電流會變成多少倍。**pp 值**(peak-to-peak value:峰對峰值)為波形最大值與最小值的差。以輸入電壓 v_{BE}〔V〕為例,最大值為 0.65 V、最小值為 0.55 V,所以 pp 值為 0.65 V − 0.55 V = 0.1 V。輸出電壓的 pp 值為 6 V,所以電壓放大了 6 V / 0.1 V = 60 倍。在圖 7.8.4 或許不覺得有 60 倍,但請注意關係圖的區間刻度完全不同。

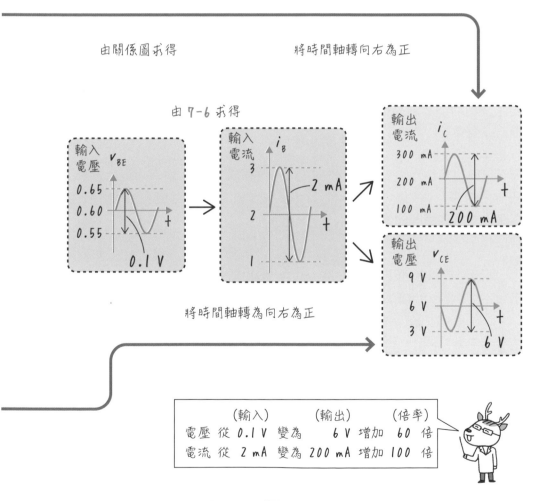

圖 **7.8.5**:擷取並旋轉各關係圖

7-9 ▶ 放大率
～以電流、電壓、電力來討論～

▶【放大率】

有電流放大率、電壓放大率、功率放大率三種。

↓

皆為輸出／輸入。

電流放大率→ $A_\mathrm{i} = \dfrac{i_\mathrm{C}}{i_\mathrm{B}}$ ←輸出電流／←輸入電流

電壓放大率→ $A_\mathrm{v} = \dfrac{v_\mathrm{CE}}{v_\mathrm{BE}}$ ←輸出電壓／←輸入電壓

功率放大率→ $A_\mathrm{p} = \dfrac{P_\mathrm{o}}{P_\mathrm{i}}$ ←輸出功率／←輸入功率

在 **7-8** 的最後，計算了電壓和電流的倍率。兩者再加上功率，就可決定上面三種**放大率**。上述的式子，是以圖 7.9.1 電路的輸出入表示，皆為「輸出／輸入」的量。

實際計算時，輸出入值如圖 7.9.2 使用 pp 值會相當便利。以最大值計算時，需要去除偏壓（僅抽出交流成分），將正弦波的最大值除以 $\sqrt{2}$ [*1] 換成實效值，最後會得到相同的放大率。

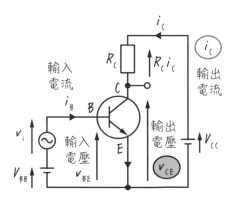

圖 **7.9.1**：射極接地放大電路的輸入與輸出

計算功率放大率時，必須知道電壓和電流的實效值，將最大值修正為實效值。此時，僅用去除偏壓的訊號成分（交流）來計算，因為偏壓會減損放大的功率。

功率放大率的計算如下一頁所示，會是非常大的數值。

---

*1 詳細解說請參閱《文科生也看得懂的電路學 第 2 版》（碁峰資訊）等。

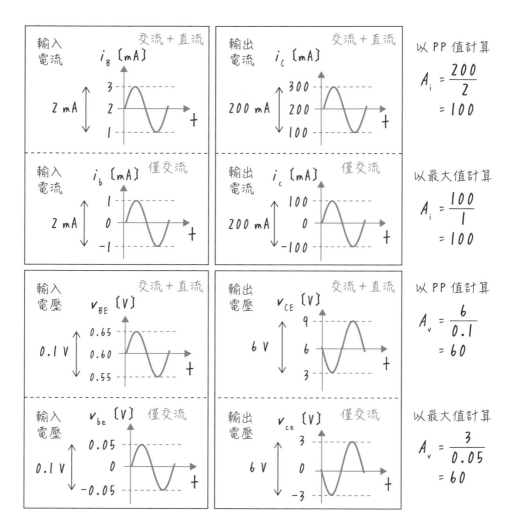

圖 7.9.2：pp 值即便含有偏壓也不會影響放大率，但最大值的話會改變

$$P_i = V_i\,I_i = \underbrace{\frac{v_{be}\,的最大值}{\sqrt{2}}}_{\text{輸入電壓的實效值}} \quad \underbrace{\frac{i_b\,的最大值}{\sqrt{2}}}_{\text{輸入電流的實效值}} = \frac{0.05\ \text{V}}{\sqrt{2}} \quad \frac{1\ \text{mA}}{\sqrt{2}} = 0.025\ \text{mW}$$
$$（25\ \mu\text{W}）$$

$$P_o = V_o\,I_o = \underbrace{\frac{v_{ce}\,的最大值}{\sqrt{2}}}_{\text{輸出電壓的實效值}} \quad \underbrace{\frac{i_c\,的最大值}{\sqrt{2}}}_{\text{輸出電流的實效值}} = \frac{3\ \text{V}}{\sqrt{2}} \quad \frac{100\ \text{mA}}{\sqrt{2}} = 150\ \text{mW}$$

$$A_p = \frac{P_o}{P_i} = \frac{150\ \text{mW}}{0.025\ \text{mW}} = 6000$$

7-10 ▶ 增益
～放大率取 log 更好理解～

▶【增益】

小心不要搞錯放大率的底數與係數 **20**、**10**。單位為分貝。

電流增益 → $G_i = 20 \log_{10} A_i$ 〔dB〕……**20** 倍

電壓增益 → $G_v = 20 \log_{10} A_v$ 〔dB〕……**20** 倍

功率增益 → $G_p = 10 \log_{10} A_p$ 〔dB〕……**10** 倍

電視的音量單位
也是分貝

在 **7-9**，計算了電流、電壓、功率的放大率。直接使用會是相當大的數值，但對人的眼耳來說，100 倍的電流倍率感覺上僅增加約 2 倍的強度。因此，放大率會取常用對數[*1] $\log_{10}$，轉換成三種增益（gain）。

電壓和電流增益的係數為 20 倍，功率增益的係數為 10 倍。功率增益原本的單位為 B（貝：bel）。發明電話的美國貝爾教授專攻的科目不是電學而是聲音學，所以音量的單位才取名自貝爾教授，以表彰其功績。然而，B 作為日常使用的單位稍微有些不便，功率取常用對數會出現小數點後第 1 位的細瑣數字。所以，我們會將數值乘上 10 倍，並在 B 前面加上前綴詞 d（分：deci）[*2]，形成 **dB**（分貝）這個單位。電視等的音量單位也是使用分貝。

電壓增益和電流增益會乘上 20 這個係數。功率增益的場合，是對電壓乘上電流的功率做 log 運算；而電壓增益和電流增益，是對電壓或者電流其中一個計算。為了修正大小上的差距，係數才會相差 2 倍。

具體的證明交給數學書籍，這邊僅收錄增益計算上需要用到的重要公式。

---

*1 詳細解説請參閱《文科生也看得懂的工程數學》（翔泳社刊）等。

*2 雖然是不怎麼常見的前綴詞，但如 dL（分公升）等會搭配體積 L（公升）使用。表示 $10^{-1} = 0.1$ 的大小。

$$\log_{10} 10^a = a \cdots\cdots（1）常用對數的定義，直接將指數拿下來$$

$$\log_{10} AB = \log_{10} A + \log_{10} B \cdots\cdots（2）乘法拆開後變成相加$$

$$\log_{10} A/B = \log_{10} A - \log_{10} B \cdots\cdots（3）除法差開後變成相減$$

試用 **7-9** 的放大率求三種增益：

電流增益 $G_i = 20 \log_{10} A_i = 20 \log_{10} 100 = 20 \log_{10} 10^2$

$\qquad\qquad = 20 \times 2 = 40 \text{ dB}$　　　　↑由式（1）得

電壓增益 $G_v = 20 \log_{10} A_v = 20 \log_{10} 60 = 20 \log_{10}（2 \times 3 \times 10）$

$\qquad\qquad = 20（\log_{10} 2 + \log_{10} 3 + \log_{10} 10）$　←由式（2）得

$\qquad\qquad = 20（0.3010 + 0.4771 + 1）\fallingdotseq 36 \text{ dB}$

$\qquad\qquad\qquad$↑由常用對數表 or 計算機求得

功率增益 $G_p = 10 \log_{10} A_p = 10 \log_{10} 6000$

$\qquad\qquad = 10 \log_{10}（2 \times 3 \times 10^3）$

$\qquad\qquad = 10（\log_{10} 2 + \log_{10} 3 + \log_{10} 10^3）$

$\qquad\qquad\qquad$↑由式（2）得

$\qquad\qquad = 10 \times（0.3010 + 0.4771 + 3）\fallingdotseq 38 \text{ dB}$

$\qquad\qquad\qquad$↑由常用對數表 or 計算機求得

不管是哪個增益的數值皆為兩位數的整數，作為日常使用的數字容易理解。因此，放大電路等的放大能力一般會使用增益來表示。

另外，上述的增益計算，有需要查找常用對數表、使用計算機的部分。若真數無法轉為 10 的指數，則不能使用上述的式（1），僅能依靠常用對數表、計算機。比如，$100 = 10^2$ 等，$\log_{10} 100 = \log_{10} 10^2 = 2$ 馬上能夠求得 log 值，但 2、3 無法轉為 10^x 的形式。

最後，放大率的 A 符號是 Amplification（放大、增幅）的字頭；增益的 G 是 Gain（增加、增進）的字頭；下標的 i、v、p 分別為電流、電壓、功率的意思。

7-11 ▶ 動作點與偏壓
～動作點可自由設定～

> ▶【動作點的選法】
> 選擇能夠漂亮放大的點。

動作點可藉由改變偏壓自由決定。圖 7.11.1（b）為偏壓適當時的輸出入關係，（a）是偏壓過大時的情況；（c）是偏壓不足時的情況。輸入波形 i_B 為 漂亮的形狀，但若是溢出負載線的範圍，輸出波形 i_C 和 v_{CE} 會是 、 上半部或者下半部被截掉的波形。在溢出負載線的區域，輸出電壓會超出 0 到電源電壓（V_{CC}〔V〕）的範圍；輸出電流也會超出 0 A 到電流上限 V_{CC}/R_C〔A〕[*1] 的範圍。

如同上述，若動作點的設定出錯，輸入訊號會慘遭變形。然而，我們也可刻意將動作點選在奇特的地方，放大成非常大的功率。

如 、 ，波形一部分被剪截的情況稱為**剪波**（clipper），想要改變波形時會刻意這麼操作。

圖 7.11.2 是動作點和圖 7.11.1（b）相同，改變輸入時的情況。圖 7.11.2（b）和圖 7.11.1（b）一樣，皆是輸入大小適當時的情況。（c）是無訊號時的情況，輸出電壓和電流恰好停在動作點。（a）是輸入過大時的情況，波形的上下端都被剪截。由此可知，放大電路並非總是以同樣倍率放大訊號，放大能力的上限取決於電源能力。

---

*1　電流上限為 V_{CE} 為 0 V 時的集極電流，在求負載線時會出現。

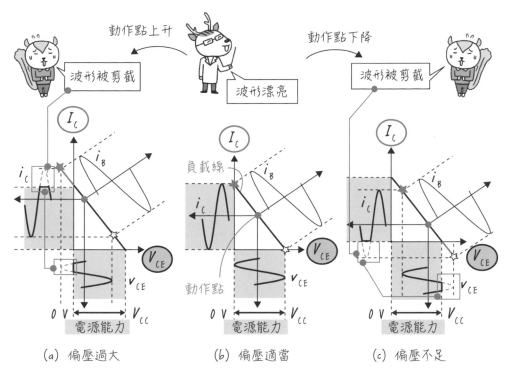

圖 **7.11.1**：動作點改變的情況

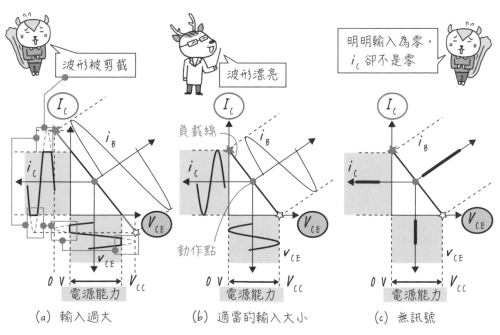

圖 **7.11.2**：輸入改變的情況

7-12 ▶ 偏壓電路的必要性
～減少電池用量～

▶【偏壓電路的思維】

為了穩定性與預算考量。

前面的放大電路會加入偏壓，如圖 7.12.1 使用兩個電源。雖然這樣也可動作，但電路不穩定。如第 3 章的說明，電晶體元件是由 pn 接合組成，由圖 7.12.1 兩關係圖可知深受溫度影響[1]。當電晶體開始動作的基極電壓 V_{BE}〔V〕、h_{FE} 隨溫度變化，輸出會跟著大幅度改變。

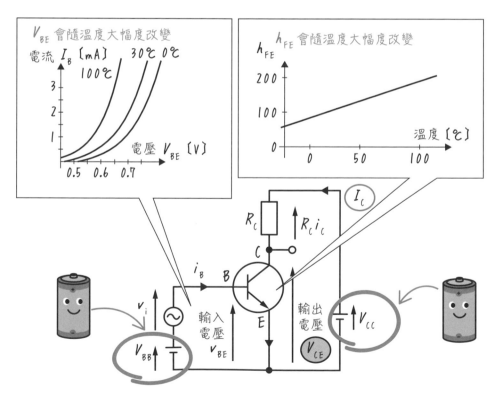

圖 **7.12.1**：射極接地放大電路。保持這樣需要使用兩個電池，而且不耐熱

---

[1] 溫度上升時，pn 接合半導體容易流通電流（參見第 1 章）。

由圖 7.12.1 的關係圖來看，溫度每改變數十℃，V_{BE}〔V〕會改變 0.1 V 左右、h_{FE} 也會改變數十的倍率。如此大的變化會造成動作點改變，輸出波形也如 **7-11** 所述變成奇怪的波形。波形變得奇怪後，又進一步升高溫度，持續溫度上升可能造成**熱跑脫**（thermal runaway）。換言之，保持原樣的電路不耐高溫。而且，電晶體元件本身的 h_{FE} 參差不齊，即便是相同型號的元件，h_{FE} 通常最大也有 2 倍左右的差異。

由此可知，我們必須製作偏壓用的電路，設法穩定電晶體的動作。因此，一般不是如圖 7.12.1 使用兩個電源電池的電路，而是採取共用一個電源電池（比如圖 7.12.2 的 V_{CC}）的方法。

如圖 7.12.3，就電子元件的通常價格來說，電源電池比電晶體還要貴，若能巧妙組合電阻達到共用一個電源電池，則可做出價格便宜且動作穩定的電路。這些就是使用偏壓電路的目的。

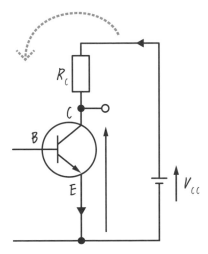

圖 **7.12.2**：不能設法共用 V_{CC} 嗎？

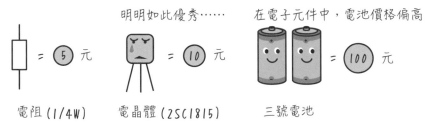

明明如此優秀……　　在電子元件中，電池價格偏高

電阻 (1/4W)　　電晶體 (2SC1815)　　三號電池

圖 **7.12.3**：電子元件的價格例子

7-13 ▶ 各種偏壓電路
～根據狀況分區分使用～

▶【固定偏壓電路】
簡單卻不穩定。

在偏壓電路中，最為簡單的是**固定偏壓電路**（fixed-bias circuit）。如圖 7.13.1，使用電阻 $R_B〔\Omega〕$ 從 $V_{CC}〔V〕$ 分出基極電流。由電源獲得固定的基極電流，所以稱為「固定偏壓」。此電阻是用來獲得基極電流的電阻，所以下標文字使用 B。

想要找出動作點，可調查輸入訊號為零時的輸出，如圖 7.13.1 去除輸入訊號討論直流成分，就能求出集極電流。$R_B〔\Omega〕$ 兩端的電壓為 $V_{CC} - v_{BE}〔V〕$，根據歐姆定律，基極電流可由式（1）求得。集極電流為基極電流的 h_{FE} 倍，計算方式為式（2）。如 **2-9**、**7-6** 所述，式（1）的 $V_{BE}〔V〕$ 為矽的場合，數值約為 0.6 V [*1]。溫度變化的影響約為 0.1 V，且小於一般電源電壓 V_{CC} [*2]，所以基極電流可視為不受溫度影響。

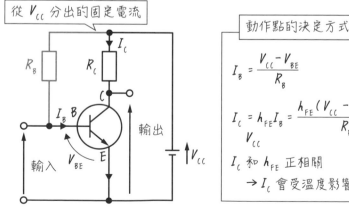

從 V_{CC} 分出的固定電流

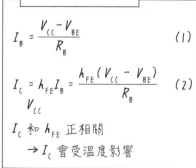

動作點的決定方式

$$I_B = \frac{V_{CC} - V_{BE}}{R_B} \tag{1}$$

$$I_C = h_{FE}I_B = \frac{h_{FE}(V_{CC} - V_{BE})}{R_B} \tag{2}$$
$$V_{CC}$$

I_C 和 h_{FE} 正相關
→ I_C 會受溫度影響

圖 7.13.1：固定電壓電路

---

*1 BE 間為 pn 接合，矽僅約需 0.6 V 的順向電壓就能流通足夠的電流。

*2 一顆 3 號電池有 1.5 V，使用兩顆有 3.0 V、四顆有 6.0 V。

然而，集極電流如式（2）正比於 h_{FE}，會直接受到溫度的變動影響，對溫度不穩定。因此，元件數少的固定偏壓電路，常用於單純轉換 ON、OFF 的訊號放大等。

▶【自給偏壓電路】

相當穩定但增益小。

電路與固定偏壓電路相似，僅需將電阻 R_{B}〔Ω〕從電源轉為連接集極，就能完成圖 7.13.2 的**自給偏壓電路**（self-bias circuit）。這個電路穩定，即便溫度導致上升 I_{C}〔A〕增加，也會如下自行回歸原狀、穩定化：① 溫度上升、I_{C}〔A〕增加，② R_{C}〔Ω〕的電流增加、R_{C}〔Ω〕的電壓也增加，使得 V_{CE}〔V〕減少（$V_{\mathrm{CE}} = V_{\mathrm{CC}} - (R_{\mathrm{C}}$ 的電壓)），③ V_{CE}〔V〕減少、I_{B}〔A〕也會減少（式（3）），④ 結果 I_{C}〔A〕跟著減少（式（4））。因此，這種電路稱為「自給偏壓電路」。

另外，由於電流 I_{C}〔A〕增加時，電壓 V_{CE}〔V〕減少，輸出電流的變化會傳回輸入電壓，所以又稱為**電壓回授偏壓電路**（voltage feedback bias circuit）。電壓回授偏壓電路的增益會變小。

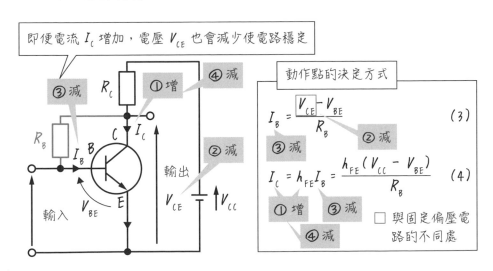

圖 7.13.2：自給偏壓電路

非常安定但損失變大。

偏壓電路中，最常被使用的是電流回授偏壓電路（current feedback bias circuit）。如圖 7.13.3，使用電阻 R_A〔Ω〕和 R_B〔Ω〕分割 V_{CC}〔V〕，固定基極電壓 V_B〔V〕。V_{CC}〔V〕被 R_A〔Ω〕和 R_B〔Ω〕分壓時，V_B〔V〕（R_A〔Ω〕兩端的電壓）的公式為

$$V_B = \frac{R_A}{R_A + R_B} V_{CC}$$

電阻 R_A〔Ω〕、R_B〔Ω〕和電源電壓 V_{CC}〔V〕都幾乎不因溫度而變化[*3]，所以 V_B〔V〕的數值固定不受溫度影響。電阻 R_A〔Ω〕和 R_B〔Ω〕的搭配，分割了電源 V_{CC}〔V〕並分出基極電流，所以稱為分洩電阻（bleeder resistance）[*4]。

R_A〔Ω〕的電流 I_A〔A〕稱為分洩電流（bleeder current）。為了即便 I_B〔A〕發生變動，V_B〔V〕也盡可能固定，會選用分洩電流 I_A〔A〕值為基極電流 I_B〔A〕10 倍以上的分洩電阻。從電源流往 R_B〔Ω〕的電流為 $I_A + I_B$〔A〕，當 I_A〔A〕足夠大時，即便 I_B〔A〕些微改變也可無視 I_A 的變動。如此一來，因為 $V_B = I_A R_A$，V_B〔V〕也會穩定。

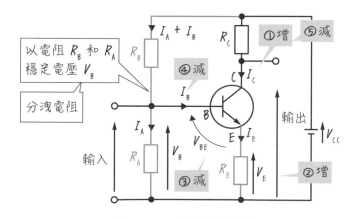

圖 7.13.3：電流回授電路

[*3] 電阻器的電阻、電池的電壓都有溫度變化，但相較於半導體的性質（h_{FE} 等）的溫度變化，幅度非常小。

[*4] 不是飼育動物的飼育員「breeder」，而是「放血」的「bleeder」。從容器抽出水、空氣時也會使用這個單字。

穩定 V_{B}〔V〕後，另外一個電阻 R_{E}〔Ω〕會穩定這個電路。即便溫度上升導致 I_{C}〔A〕增加，也會如下回歸穩定：① 溫度上升、I_{C}〔A〕增加，② 射極電流增加 I_{E}〔A〕、V_{E}〔V〕也增加（$I_{\mathrm{E}} = I_{\mathrm{C}} + I_{\mathrm{B}}$、$V_{\mathrm{E}} = R_{\mathrm{E}}\ I_{\mathrm{E}}$），③ V_{B}〔V〕固定，所以 V_{BE}〔V〕減少（$V_{\mathrm{BE}} = V_{\mathrm{B}} - V_{\mathrm{E}}$），④ 由電晶體的電壓電流特性（$I_{\mathrm{B}} - V_{\mathrm{BE}}$），$I_{\mathrm{B}}$〔A〕也會減少，⑤ 結果 I_{C}〔A〕跟著減少（$I_{\mathrm{C}} = h_{\mathrm{FE}}\ I_{\mathrm{B}}$）。

而且，如 **2-9**、**7-6** 所述，在 ④ 的階段，V_{BE}〔V〕僅稍微改變，I_{B}〔A〕就會出現大幅度的變化，馬上就能趨向穩定。因此，電流回授偏壓電路的穩定性高。但是，由於必須形成分洩電流，因此存在損失變大的缺點。如同此一連串的過程，集極電流的變化會透過電阻 R_{E}〔Ω〕的電壓，傳回輸入電流 I_{B} 反映，所以此偏壓電路前綴「電流回授」形容。

射極的電阻 R_{E}〔Ω〕具有穩定電壓的作用，所以稱為**安定電阻**（ballast resistance）。安定電阻、V_{E}〔V〕愈大，相對於 I_{C}〔A〕的變化，V_{E}〔V〕也會大幅度改變，增加其穩定性。但是，如圖 7.13.4，訊號成分流過 R_{E}〔Ω〕時會消耗功率，電阻太大將會造成損失。因此，必須另外製作通道，僅讓交流的訊號成分不通過安定電阻（使用下節 **7-14** 的旁路電容器）。

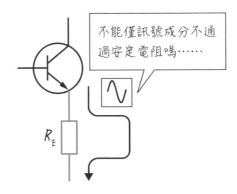

不能僅訊號成分不通過安定電阻嗎……

圖 7.13.4：安定電阻的損失

表 7.13.1：**偏壓電路的特徵**

	固定偏壓電路	自給偏壓電路	電流回授偏壓電路
優點	簡單	稍微簡單、穩定	非常穩定
缺點	不穩定	增益稍微變小	損失大

7-14 ▶ 阻絕直流電
～使用電容器就行了～

> **▶【電容器的功能】**
>
> 阻絕直流、通過交流的過濾器。

作為不通過直流、通過交流的元件，經常使用電容器。電容器流通高頻交流時阻抗（描述交流電不易流通程度，以及電壓與電流的相位變化的量）小，低頻時阻抗大。如圖 7.14.1，可認為**電容流通交流、不流通直流**。

我們將這個電容器的性質用於安定電阻。透過並聯 **7-13** 最後說明的安定電阻 R_E 與聯電容器 C_E，如圖 7.14.2 能夠做到僅有交流訊號從射極通往接地。由於僅訊號透過別條路徑通過，所以稱為**旁路電容器**（bypass condenser）[*1]。

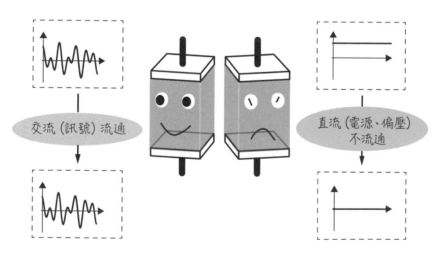

交流 (訊號) 流通

直流 (電源、偏壓) 不流通

圖 7.14.1：電容器會是直流過濾器

[*1] 「bypass」這個詞也用於別處，比如連接其他血管代替因動脈硬化等失去機能血管的「繞道手術（bypass surgery）」、防止高速公路擁塞迂迴道路的「繞道路徑（Bypass Routes）」。

電容器也可用於阻絕直流。若輸入射極接地放大電路的訊號混雜了直流成分，會造成動作點偏移。

因此，一般會如圖 7.14.3 在放大電路的輸入與輸出之間配置電容器，用來阻絕直流成分 [2]。這種電容器是由複數放大電路作成，稱為**耦合電容器**（coupling condenser）。

圖 7.14.3 是輸入訊號混雜直流成分，耦合電容器 C_1 阻絕直流成分的示意圖。輸出也以耦合電容器 C_2，阻絕混雜的偏壓直流成分。

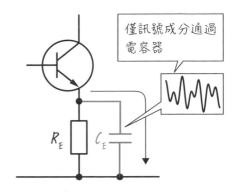

圖 7.14.2：旁路電容器 C_E

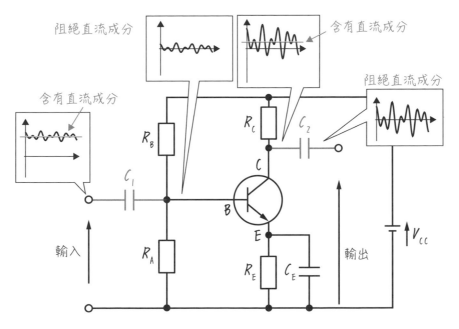

圖 7.14.3：以耦合電容器 C_1、C_2 阻絕直流成分

---

[2] 正確來說，對於頻率 f〔Hz〕的交流成分，電容器的靜電容量 C〔F〕會與形成的阻抗 $1/(2\pi fC)$〔Ω〕負相關，逐漸衰減。直流成分的頻率為 $f = 0$ Hz，所以阻抗會是 ∞，不流通電流。

7-15 ▶ 小訊號放大電路的等效電路
～分開討論交流、直流～

> ▶【等效電路】
> 討論交流成分時：以電線連接電容器與直流電源的兩端。
> 討論直流成分時：拿掉電容器與訊號。

圖 7.15.1 的電路稱為小訊號放大電路（small signal amplifier），是電晶體放大電路中最為基本的元件，由前面解說的射極接地放大電路以電流回授偏壓電路施加偏壓，再接上偏壓電容器、耦合電容器的元件。輸入訊號 v_i 為交流電壓，輸出 v_o〔V〕由電阻 R_o〔Ω〕[1] 產生。

在設計電路時，需要分開討論交流成分和直流成分。交流成分得計算訊號的放大率、增益；直流成分得決定動作點。想要製作僅有交流成分的電路，因為交流成分可通過電容器、直流電源，所以會以電線連接元件的兩端。這在專業術語上稱為「短路（short circuit）」。圖 7.15.2 為討論圖 7.15.1 電路的交流成分。

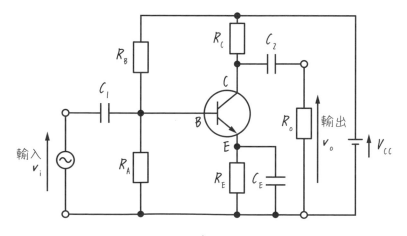

圖 7.15.1：小訊號放大電路

---

*1 電阻 R_o〔Ω〕相當於揚聲器等的阻抗。

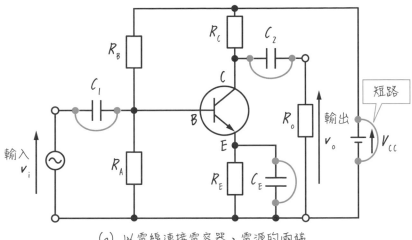

(a) 以電線連接電容器、電源的兩端

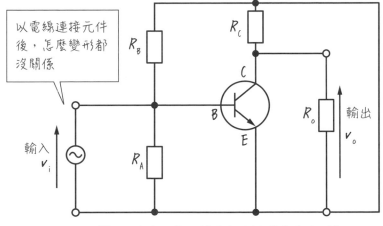

(b) 連接的結果；轉為容易解讀的電路 (c)

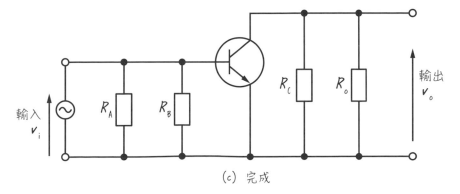

(c) 完成

圖 7.15.2：交流成分的等效電路

接著，說明用來決定動作點的直流成分等效電路。圖 7.15.3 為討論圖 7.15.1 直流成分的等效電路。由電容器阻絕直流成分，且電路為無交流訊號的狀態（＝動作點），會如圖 7.15.3（a）拿掉電容器和訊號。圖 7.15.3（b）為具體的直流成分等效電路。

實際使用圖 7.15.3 的等效電路來推求動作點。計算過程並不困難，僅需使用歐姆定律計算電壓、電流而已。

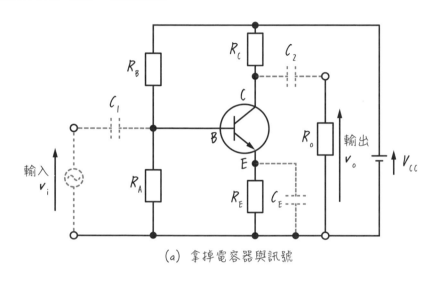

(a) 拿掉電容器與訊號

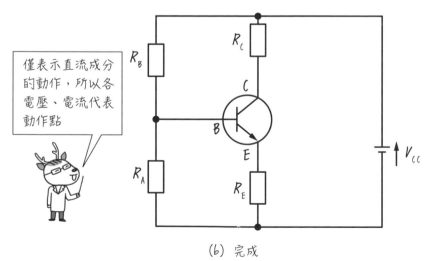

(b) 完成

圖 **7.15.3**：直流成分的等效電路

如圖 7.15.4 決定電壓、電流的量符號。首先，由分洩電阻 R_A〔Ω〕、R_B〔Ω〕，以下式計算基極電壓 V_B〔V〕：

$$V_B = \frac{R_A}{R_A + R_B} V_{CC}$$

計算時，假設基極電流 I_B〔A〕相較於分洩電流 I_A〔A〕小到可忽視[*2]。由電路圖可知，V_E〔V〕是 V_B〔V〕減去 V_{BE}〔V〕，數學式為

$$V_E = V_B - V_{BE}$$

V_{BE}〔V〕的數值取決於電晶體材料的能隙，矽的場合約為 0.6 V（參見 **2-9**、**7-6**）。假設基極電流 I_B〔A〕相較於集極電流 I_C〔A〕小到能夠忽視，則 $I_E = I_B + I_C \doteqdot I_C$[*3]，集極電流的數學式為

$$I_C \doteqdot I_E = \frac{V_E}{R_E}$$

集極電阻 R_C〔Ω〕會產生 $R_C I_C$ 的電壓下降（歐姆定律），所以集極電壓 V_C〔V〕為 V_{CC}〔V〕減去下降電壓，數學式為

$$V_C = V_{CC} - R_C I_C$$

由上述式子可知，訊號為零時動作點的電壓、電流值。

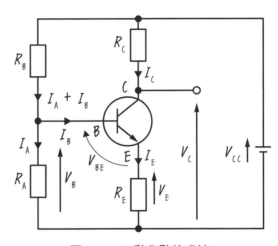

圖 **7.15.4**：動作點的求法

統整

基極電壓	$V_B = \dfrac{R_A}{R_A + R_B} V_{CC}$
集極電流	$I_C = \dfrac{V_B - V_{BE}}{R_E}$
集極電壓	$V_C = V_{CC} - R_C I_C$

[*2] 具體來説，會假設 $I_B = 0$ 來計算 V_B。

[*3] 集極電流為基極電流的 h_{FE} 倍（約 100 倍），基極電流可視為 1% 左右的誤差。電阻、電容器等電子元件都有 5% 左右的誤差，所以忽略基極電流並不影響結果。

7-16 ▶ h 參數等效電路
～變得簡單～

> **? ▶【h 參數】**
> 以電源、電阻表示電晶體（僅交流成分）。

如 **3-6**、**3-7** 所述，電晶體的交流成分可換成四個 h 參數和電源。圖 7.16.1 為實際以 h 參數置換交流成分的等效電路。置換的結果，如圖 7.16.2（a）成功僅以電阻、電源畫出電路。

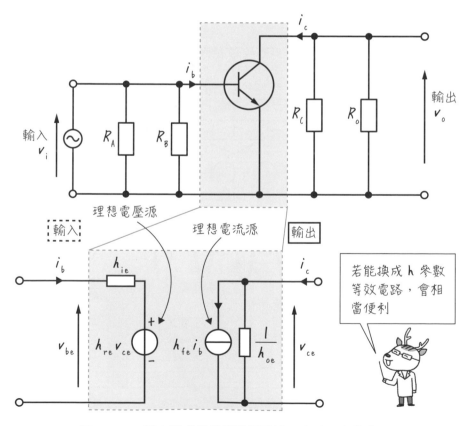

圖 **7.16.1**：將交流成分的等效電路進一步以 h 參數表示

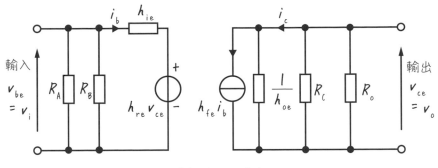

(a) 換成 h 參數

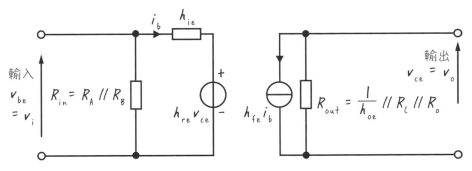

(b) 將並聯的電阻統整為一個合成電阻

圖 **7.16.2**：交流成分的 h 參數等效電路

在（b），將複數並聯的電阻統整為一個，進一步簡化電路。如此一來，僅使用歐姆定律就能完成電路的計算。

接著，介紹描述並聯合成電阻的方便符號「 // 」。輸入側的 R_{in}〔Ω〕為 R_A〔Ω〕和 R_B〔Ω〕的合成電阻，記為 $R_A \mathbin{/\mkern-5mu/} R_B$。

$$R_{\text{in}} = R_A \mathbin{/\mkern-5mu/} R_B = \frac{1}{\dfrac{1}{R_A} + \dfrac{1}{R_B}} = \frac{R_A R_B}{R_A + R_B}$$

輸出側為三個的合成電阻，可如下簡單表記：

$$R_{\text{out}} = \frac{1}{h_{\text{oe}}} \mathbin{/\mkern-5mu/} R_C \mathbin{/\mkern-5mu/} R_o = \frac{1}{h_{\text{oe}} + \dfrac{1}{R_C} + \dfrac{1}{R_o}}$$

試由等效電路具體計算電壓放大率。電壓放大率是輸出入電壓的比值,可由 $A_v = v_o / v_i$ 求得。首先,先將輸出電壓表示成數學式。如圖 7.16.3,輸出電壓為 R_{out}〔Ω〕的電壓,由理想電流通入電流 $h_{fe} i_b$〔A〕。因此,根據歐姆定律可表為

$$v_o = R_{out} \cdot h_{fe} i_b \quad \cdots\cdots (1)$$

但是,式(1)的 i_b〔A〕含有 v_o〔V〕,式(1)實際上為一次方程式,還不是答案。在輸入側的電路,h_{ie}〔Ω〕的電壓為輸入電壓減去理想電源的電壓 $h_{re} V_{ce}$〔V〕。

$$v_i - h_{re} v_{ce} \quad \cdots\cdots (2)$$

因此,根據歐姆定律和 $v_o = v_{ce}$ 的關係(圖 7.16.3),可知基極電流為

$$i_b = \frac{v_i - h_{re} v_o}{h_{ie}} \quad \cdots\cdots (3)$$

的確是含有 v_o〔V〕的形式。將式(3)代入式(1),可得到 v_o〔V〕的一次方程式:

$$v_o = R_{out} h_{fe} \cdot \frac{v_i - h_{re} v_o}{h_{ie}} = \frac{R_{out} h_{fe}}{h_{ie}} v_i - \frac{R_{out} h_{fe} h_{re}}{h_{ie}} v_o$$

移項整理可得

$$v_o = \frac{\dfrac{h_{fe} R_{out}}{h_{ie}}}{1 + \dfrac{h_{fe} h_{re} R_{out}}{h_{ie}}} v_i$$

因此,電壓放大率的數學式為

$$A_v = \frac{v_o}{v_i} = \frac{\dfrac{h_{fe} R_{out}}{h_{ie}}}{1 + \dfrac{h_{fe} h_{re} R_{out}}{h_{ie}}}$$

在計算 h 參數等效電路時,需要注意小訊號放大率 h_{fe}、電壓回授率 h_{re} 是沒有單位的量,輸入阻抗 h_{ie}〔Ω〕是帶有電阻單位的量(參見 **3-6**)。如同這邊說明的電路解析方法,將 h_{ie}〔Ω〕當作電阻,h_{fe}、h_{re} 當作沒有單位的倍率來處理。

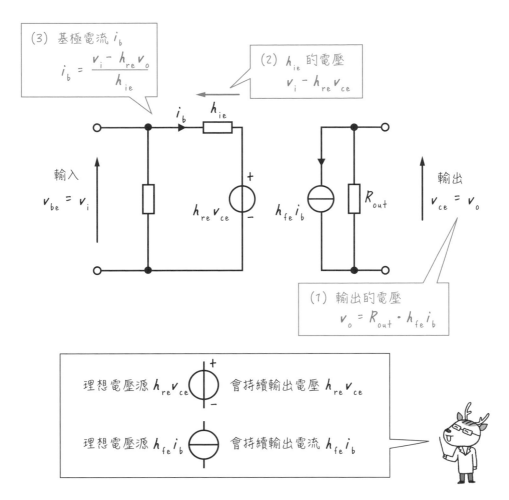

図 7.16.3：由等效電路求電壓放大率

另外，有些參考書會將電壓回授率 h_{re} 視為極小值或者零，將電壓放大率簡化為

$$A_v = \frac{h_{fe} R_{out}}{h_{ie}}$$

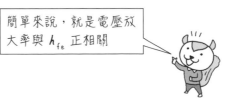

簡單來說，就是電壓放大率與 h_{fe} 正相關

7-17 ▶ 高頻特性
～躍遷頻率與截止頻率～

> **❓▶【描述高頻特性的兩種頻率】**
>
> ● 躍遷頻率：h_{fe} 為 1（增益 0）的頻率。
> ● 截止頻率：增益下降 **3 dB** 的頻率。

描述放大電路性能的放大率、增益怎麼隨頻率變化的性質，稱為**高頻特性**（high frequency characteristic）。前面沒有多想就使用了 h_{fe}，但 h_{fe} 的數值其實會隨頻率而有大幅度變化。如 **3-8** 所述，電晶體存在寄生電容，會像圖 3.8.2（b）發生電流滲漏，阻礙放大作用。結果，電晶體的 h_{fe} 值會如圖 7.17.1，在高頻時變得更小。另外，圖 7.17.1 為了畫出大範圍的數值，刻度是差距 10 倍的對數關係圖 [*1]。

在低頻放大率為 $1/\sqrt{2}$ 倍 [*2] 的頻率，稱為**截止頻率**（cutoff frequency）。此時，增益約會下降 3 dB。

$$20 \log_{10}(h_{fe}/\sqrt{2}) = 20 \log_{10}(h_{fe}) \underbrace{- 20 \log_{10}(\sqrt{2})}_{-3\,\text{db}}$$

電晶體的 h_{fe} 截止頻率，稱為**射極接地截止頻率**。而 h_{fe} 為 1（此時的增益是 $20 \log_{10} 1 = 0$ dB）的頻率，稱為**躍遷頻率**（transition frequency）。射極接地截止頻率 $f_{\alpha e}$〔Hz〕和躍遷頻率 f_T〔Hz〕的關係式為

$$f_T = h_{fe} f_{\alpha e}$$

根據 **7-16** 推得小訊號放大電路的電壓放大率正比於 h_{fe}，以及電晶體的 h_{fe} 在高頻時會變小，可知電路的電壓增益也會如圖 7.17.2 在高頻時變小。

---

*1 詳細解說請參閱《文科生也看得懂的工程數學》（翔泳社刊）。

*2 電壓或者電流變為 $1/\sqrt{2}$ 倍時，由 $P = VI = RI^2 = V^2/R$ 可知，功率會變為 1/2 倍。

小訊號放大電路（參見圖 7.15.1）的場合，由於耦合電容器、旁路電容器，在低頻時也會被截止 [3]。由此可知，小訊號放大電路會如圖 7.17.2 增益的頻率特性，在低頻側和高頻側都具有截止頻率。在低頻側被截止是受耦合電容器、旁路電容器的影響。低頻側和高頻側之間的頻率幅度稱為**頻寬**（bandwidth），這是描述放大電路性能的指標之一。

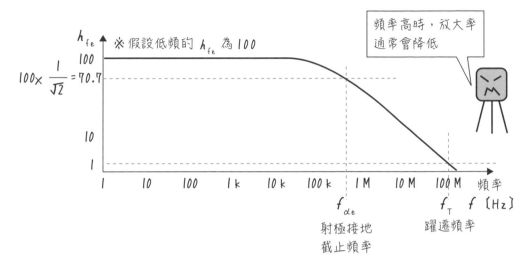

圖 **7.17.1**：h_{fe} 的高頻特性

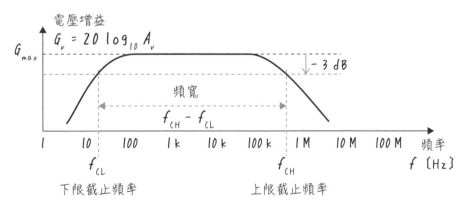

圖 **7.17.2**：小訊號放大電路（圖 **7.15.1**）的增益頻率特性

---

[3] 電容器會阻絕直流、低頻成分。

7-18 ▶ 高頻放大電路
～基極接地就行了～

> **?** ▶【基極接地電路】
>
> 能夠避免集極電容的影響。

在 **7-17**，說明了電晶體的寄生電容會惡化頻率特性。而 **7-4** 介紹的基極接地放大電路，能夠迴避寄生容量中 **3-8** 的圖 3.8.2（b）**集極電容 C_{ob}〔F〕** 的影響。這節就來討論利用圖 7.4.1（b）的基極接地放大電路，避免集極電容的影響。

圖 7.4.1（b）沒有偏壓電路，而圖 7.18.1 為加上偏壓電路的示意圖。為了產生偏壓，配置了 R_1〔Ω〕、R_2〔Ω〕、R_3〔Ω〕、R_4〔Ω〕。C_1〔F〕、C_2〔F〕為耦合電容，C_B〔F〕是將交流成分從集極端子接地的旁路電容。由電路圖可知，多虧集極電容 C_{ob}〔F〕為輸出側，輸出才沒有傳回輸入。雖然 i_b〔A〕沒辦法藉由 C_{ib}〔F〕避免傳回，但 i_b〔A〕為小輸入訊號，滲漏帶來的影響不大。由此可知，**基極接地放大電路具有良好的高頻特性**，也就是即便處於高頻，放大率也不易減少。

基極接地放大電路的放大率稍微有些特殊。基極接地，輸入訊號通入射極。由於射極電流和集極電流幾乎相等，此電路的電流幾乎沒有放大，也就是電流放大率幾乎為 1。與此相對，電壓放大率幾乎為 R_C/R_1。增加輸入阻抗會造成 R_1〔Ω〕變大，使得電壓增益減少。

如同前述，各種不同的放大電路沒有哪個最優秀，電路業者必須選擇適當的元件，發揮各放大電路的特長。

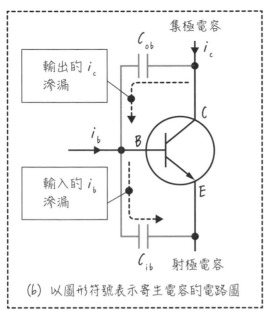

集極電容

輸出的 i_c 滲漏

輸入的 i_b 滲漏

C_{ob}

i_c

C

i_b

B

E

C_{ib} 射極電容

電容器在高頻時不好處理

相較於射極電容，集極電容大到無法忽視

(b) 以圖形符號表示寄生電容的電路圖

※ 引用圖 3.8.2 (b)

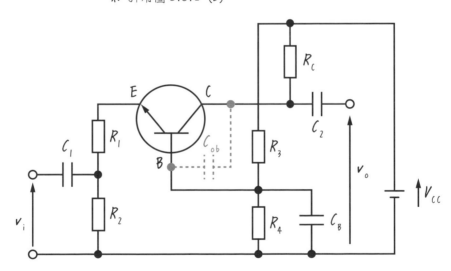

圖 7.18.1：基極接地放大電路能夠避免集極電容 C_{ob} 的影響

7-19 ▶ 輸入阻抗、輸出阻抗

~入口愈高愈好、出口愈低愈好~

> **▶【就放大器來說】**
>
> ● 輸入阻抗：愈高愈好。
> ● 輸出阻抗：愈低愈好。

描述放大器的性能有**輸入阻抗**和**輸出阻抗**。關掉放大器的電源，在輸入側、輸出側施加電壓產生電流。此時，輸入側的電壓電流比稱為**輸入阻抗**，輸出側的比稱為**輸出阻抗**[*1]。如圖 7.19.1（a）拿掉放大器等效電路的電源，（b）中 v_i〔V〕和 i_i〔A〕的比為輸入阻抗 Z_i〔Ω〕；v_o〔V〕和 i_o〔A〕的比為輸出阻抗 Z_o〔Ω〕。

$$輸入阻抗：Z_i = \frac{v_i}{i_i} \qquad 輸出阻抗：Z_o = \frac{v_o}{i_o}$$

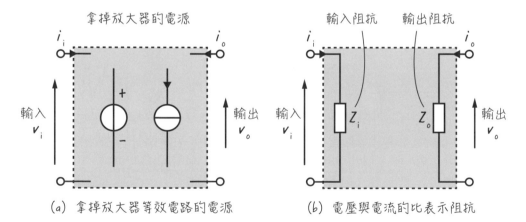

（a）拿掉放大器等效電路的電源　　　（b）電壓與電流的比表示阻抗

圖 7.19.1：輸入阻抗與輸出阻抗的意義

[*1] 有認真學習電路學的人，應該知道阻抗是以複數表示的相量。電子學在處理輸入、輸出阻抗時，多不考慮電壓電流間的相位變化，僅討論兩者振幅的關係，也就是阻抗的大小。

具體來說，試以 **7-16** 小訊號放大電路的等效電路（圖 7.16.2）求輸出入阻抗。在等效電路「拿掉電源」，表示如圖 7.19.2（a）使理想電壓源短路、拿掉理想電流源 [*2]。拿掉電源變成圖 7.19.2（b），可知輸出入阻抗分別為由輸入側來看的阻抗和由輸出側來看的阻抗。

$$Z_i = R_{in} /\!/ h_{ie} \qquad Z_o = R_{out}$$

輸入阻抗低時，相對於輸入側的電壓，會流通大的輸入電流，對供給元件造成負擔，並且使輸入電壓變小。換言之，**輸入阻抗愈高，放大器的性能愈好**。

相反地，**輸出阻抗愈低，放大器的性能愈好**。即便輸出電流變大，只要輸出阻抗低，就能減少輸出電壓的衰減。

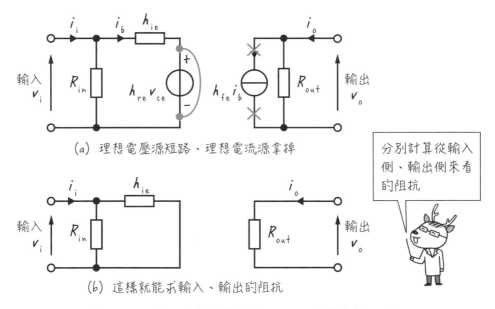

（a）理想電壓源短路、理想電流源拿掉

分別計算從輸入側、輸出側來看的阻抗

（b）這樣就能求輸入、輸出的阻抗

圖 7.19.2：小訊號放大電路（圖 **7.16.2**）的輸出入阻抗

---

*2　有認真學習電路學的人，應該知道這與以「戴維寧定理（Thevenin's theorem）」求內部阻抗（電阻）的方法相同。請參閱碁峰資訊的《文科生也看得懂的電路學 第 2 版》等。

7-20 ▶ 阻抗整合
～最大功率出現在阻抗相同時～

> **❓ ▶【放大器什麼時候產生最大功率？】**
>
> 輸出阻抗與負載阻抗相同時。

放大器什麼時候產生最大功率呢？首先，如圖 7.20.1，假設內部阻抗 Z_o〔Ω〕的電源電動勢為 V〔V〕，討論其對負載 Z_L〔Ω〕產生最大功率時的條件。這就相當於求內部電阻 Z_o〔Ω〕、電動勢 V〔V〕的電池，能夠供給負載 Z_L〔Ω〕的最大功率。如電路學等的說明[1]，當負載 Z_L〔Ω〕和內部阻抗 Z_o〔Ω〕相等時，會產生最大功率 $V^2/(4Z_L)$〔W〕。

放大器的場合，如圖 7.20.2 電動勢為集極電壓 V_C〔V〕（射極接地放大電路的場合），內部阻抗對應輸出阻抗。不過，負載阻抗為揚聲器、耳機等各種配件，揚聲器的阻抗約為 8 Ω、耳機約為 100 Ω，遠小於一般的小訊號放大電路的輸出阻抗。在偏壓電路、增益的設計上，也是放大電路的輸出阻抗愈小愈不好處理。

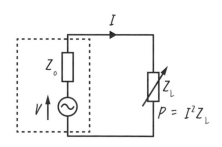

圖 7.20.1：最大功率的供給

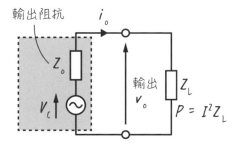

圖 7.20.2：放大器的情況

---

[1] 請參閱《文科生也看得懂的電路學 第 2 版》（碁峰資訊）等。

因此，我們會考慮如圖 7.20.3（a）的**變換器**（transformer）[2]。變換器是，匝數 N_1 和 N_2 兩線圈透過磁通量結合起來的元件。能夠根據 N 的**匝數比**（turn ratio）變換交流電壓、電流，一次側的電壓 e_1〔V〕、電流 i_1〔A〕與二次側的電壓 e_2〔V〕、電流 i_2〔A〕滿足 [3]。

$$\frac{e_1}{e_2} = \frac{N_1}{N_2} = N \qquad \frac{i_1}{i_2} = \frac{N_2}{N_1} = \frac{1}{N}$$

如此一來，一次側的阻抗會是

$$Z_1 = \frac{e_1}{i_1} = \frac{Ne_2}{\dfrac{i_2}{N}} = N^2 \frac{e_2}{i_2} = N^2 Z_L$$

與匝數比的平方 N^2 正相關。換言之，我們可透過適當匝數比的變換器，自由決定負載阻抗。像這樣統一阻抗達到最大功率的做法，稱為**阻抗整合**。

在電晶體的價格高於變換器的時代，常會使用變換器來整合阻抗。但變換器需要線圈、鐵芯，現在的價格通常遠高於訊號用電晶體，所以改成使用下一節介紹的射極隨耦器。

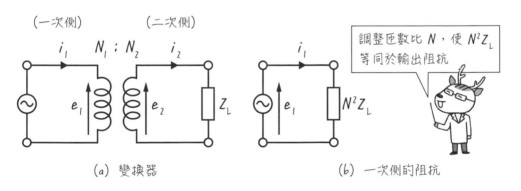

（一次側）　　　　（二次側）

調整匝數比 N，使 $N^2 Z_L$ 等同於輸出阻抗

(a) 變換器　　　　　(b) 一次側的阻抗

圖 **7.20.3**：使用變換器的阻抗調整

---

[2] 在電機工程，會學到升降電壓的「變壓器」和變換電流的「變流器」。變壓器、變流器在電子電路上都是以電流作為輸出，統稱為「變換器」。

[3] 第一個電壓公式推導自法拉第定律；第二個電流公式推導自能量守恆定律。

7-21 ▶ 射極隨耦器
～緩衝地帶！？～

> ？▶【射極隨耦器】
>
> 集極接地放大電路是統整內部阻抗的緩衝地帶。

射極隨耦器（emitter follower）具有緩衝對立兩者的功能。射極隨耦器為 **7-4** 介紹的集極接地放大電路的別名。如圖 7.21.1 輸出電壓 v_o〔V〕隨著射極電阻 R_E〔Ω〕變化，故稱為射極隨耦器。

使用圖 7.21.1 右側的等效電路來確認。為了簡化計算，一開始先忽視 h_{re} 和 h_{oe}[*1]。交流成分的等效電路會如圖 7.21.2。

先略過困難的計算，簡單求電壓放大率。h_{ie}〔Ω〕兩端的電壓為 $h_{ie}i_b$〔V〕，R_E〔Ω〕兩端的電壓為 $i_e R_E = (i_b + i_c)R_E = i_b R_E + i_c R_E = i_b R_E + h_{fe}i_b R_E = (1 + h_{fe})i_b R_E$。因為 h_{fe} 的數值非常大，可看作 $1 + h_{fe} \fallingdotseq h_{fe}$，所以 $i_e R_E \fallingdotseq h_{fe}i_b R_E$，可知 h_{ie}〔Ω〕兩端的電壓 $h_{ie}i_b$〔V〕能夠忽視。

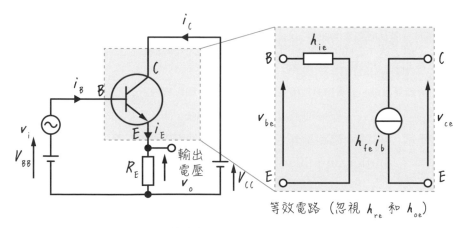

等效電路（忽視 h_{re} 和 h_{oe}）

圖 7.21.1：集極接地放大電路（射極隨耦器）

---

*1 在 **7-16** 的射極接地放大電路，最後的計算省略了 h_{re}。

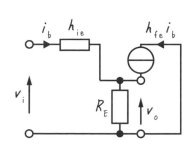

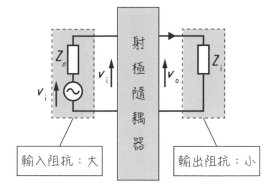

圖 7.21.2：射極隨耦器的等效電路　　　圖 7.21.3：作為緩衝放大器的應用

如此一來，輸入電壓 v_i〔V〕和輸出電壓 v_o〔V〕幾乎相等。因此，電壓放大率 $A_v \fallingdotseq 1$，電壓沒有放大。

接著，討論輸入阻抗 v_i / i_b〔Ω〕。即便 i_b〔A〕很小，放大後的集極電流 $h_{fe}i_b$〔A〕會在 R_E〔Ω〕形成大電流，使得 v_o〔V〕和 v_i〔V〕變大。換言之，對於很小的 i_b〔A〕，v_i〔V〕也會變大，使得輸入阻抗 v_i / i_b〔Ω〕變大。

而輸出阻抗，試著討論輸出短路時的電流。當 R_E〔Ω〕的兩端短路，會流通 $i_b + h_{fe}i_b$〔A〕的大電流[*2]，使得輸出阻抗變小。

綜上所述，**射極隨耦器不僅不會放大電壓，還會增加輸入阻抗、減少輸出阻抗**。就這一點來看，如圖 7.21.3 將射極隨耦器夾於電路間，能夠順利進行輸入到輸出的訊號傳達。因為輸入阻抗大，輸入訊號 v_i〔V〕幾乎沒變，以 v_i〔V〕通過射極隨耦器，該電壓也會直接是輸出 v_o〔V〕。另外，因為輸出阻抗小，即便流通大輸出電流，也能減少對輸出電壓 v_o〔V〕的影響。

將射極隨耦器等置入電路與電路之間，去除訊號傳達影響的放大電路，稱為**緩衝放大器**（buffer amplifier）。

[*2] 將 h_{fe} 視為極大值就能夠簡單理解。

第 7 章　練習題

〔1〕 為什麼電晶體的放大率在高頻時會降低？

〔2〕 根據圖 7.12.3 的價格，試求圖 7.12.1 和圖 7.13.1 的元件總價。忽略配線需要的銅線、基板、輸入訊號等，僅以圖 7.12.3 收錄的元件來計算。

〔3〕 為什麼電晶體的放大電路需要偏壓？

練習題解答

〔1〕 因為寄生電容的關係（參見 **7-17**）。

〔2〕 利用電阻形成偏壓能夠便宜設計電路。

圖 **7.12.1**	
電晶體 1 個	10 元 × 1 ＝ 10 元
直流電源（電池）2 個	50 元 × 2 ＝ 100 元
電阻 1 條	5 元 × 1 ＝ 5 元
⋯⋯⋯⋯⋯⋯⋯⋯⋯⋯⋯⋯⋯⋯	
	合計：115 元

圖 **7.13.1**	
電晶體 1 個	10 元 × 1 ＝ 10 元
直流電源（電池）1 個	50 元 × 1 ＝ 50 元
電阻 2 條	5 元 × 2 ＝ 10 元
⋯⋯⋯⋯⋯⋯⋯⋯⋯⋯⋯⋯⋯⋯	
	合計：70 元

〔3〕 為了位移動作點，使訊號成分的範圍移動至電晶體可動作的負載線範圍（參見 **7-2**、**7-7**、**7-8**、**7-11**）。

COLUMN　使用電晶體的電路有多少種？

　　在第 7 章介紹了許多電晶體的使用方式，對於初次接觸的人來說，難免會覺得電路種類繁多不好學習。使用電晶體的電路究竟有多少種呢？

　　答案是「不曉得」。本書僅收錄經常使用的電路。電路會根據各種電晶體的特性改變設計，獨特的電路本身也許已經獲得專利。電晶體的基本電路儼然成為確立的技術，但電子學的世界卻是日新月異。未來勢必會不斷誕生新的技術，本書內容為這些技術的基礎，好好認真學習一番吧！

第 **8** 章

場效電晶體放大電路

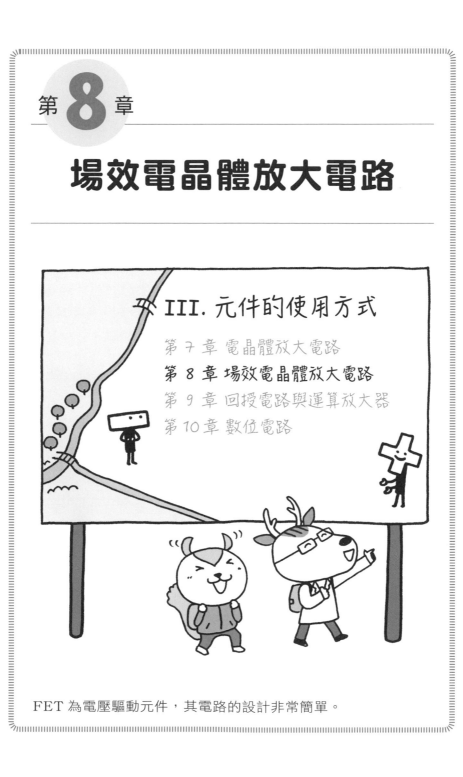

III. 元件的使用方式

FET 為電壓驅動元件,其電路的設計非常簡單。

8-1 ▶ FET 放大電路
～以電壓控制電流～

> **？** ▶【FET】
>
> 以閘極電壓控制汲極電流。

場效電晶體 FET 如同其名,是以閘極電壓控制汲極電流的元件（參見第 4 章）。圖 8.1.1（a）為 n 通道接合型 FET 的電路,可藉由改變閘極電壓 V_{GS}〔V〕,如（b）控制汲極電流 I_D〔A〕。此時,閘極電壓必須是負值。在圖 8.1.1（b）,降到 -0.4 V 時出現電流不流通的夾止狀態,閘極電壓的輸入在 -0.4 V 到 0 V 的範圍,可控制 0 mA 到 10 mA 的電流。

於是,如圖 8.1.2（a）加入訊號（交流成分）v_i〔V〕,並施加 -0.2 V 的直流電壓作為偏壓。由圖 8.1.2（b）的關係圖,可知汲極電流會以 3 mA 為中心,在 1 mA 到 5 mA 之間振動。

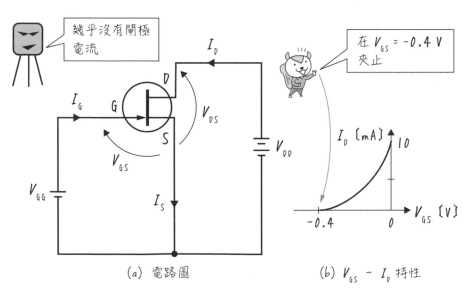

(a) 電路圖　　　　　　(b) V_{GS} - I_D 特性

圖 8.1.1：接合型 **FET** 的基本動作

FET 能夠像這樣以閘極電壓控制汲極電流。令人高興的是，因為幾乎沒有閘極電流，輸入阻抗可以很大。

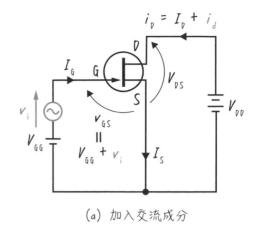

(a) 加入交流成分

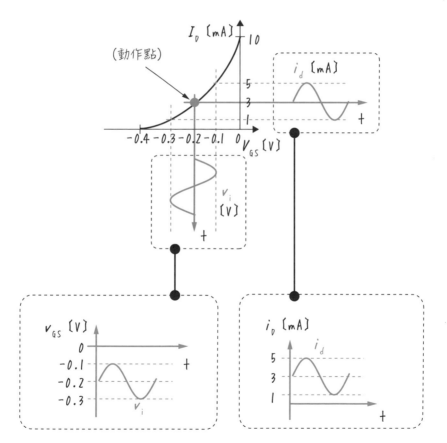

(b) 加入交流成分時的汲極電流與動作點

圖 8.1.2：接合型 FET 加入訊號（交流成分）

8-2 ▶ 接合型 FET 與 MOSFET
～電路相同、偏壓不同～

> **?** ▶【FET 的種類】
>
> 接合型 FET。 ⎱
> 空乏型 MOSFET ⎰ 常開式←偏壓為負值。
> 增強型 MOSFET ⎰ 常關式←偏壓為正值。

關於 FET，本書介紹了接合型 FET 和 MOSFET（第 4 章）。MOSFET 根據動作特性，又進一步分為空乏型和增強型。如圖 8.2.1，接合型 FET、空乏型 MOSFET 具有閘極電壓為零、流通汲極電流的常開式特性；增強型 MOSFET 具有常關式特性（參見 **4-8**）。

常開式的場合，因動作點為負值，必須施加負的偏差電壓。與此相對，常關式的場合，因動作點會是正值，必須施加正的偏差電壓。

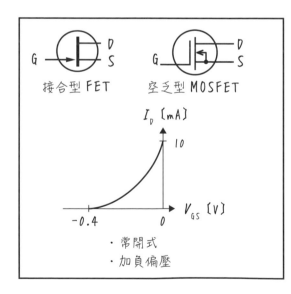

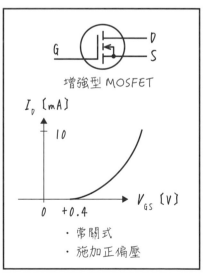

圖 8.2.1：FET 的動作差異（皆為 n 通道）

如同雙極電晶體有三種基本放大電路（參見 **7-4** 的圖 7.4.1），圖 8.2.2 的 FET 也有三種基本放大電路。圖 8.2.2 為接合型 FET（常開式）的基本放大電路，（a）**源極接地放大電路**相當於射極接地放大電路；（b）**閘極接地放大電路**相當於基極接地放大電路；（c）**汲極接地放大電路**相當於集極接地放大電路。雙極電晶體中集極電阻的功能，在 FET 換由**汲極電阻** R_D〔Ω〕負責。如同雙極電晶體中最常使用射極接地放大電路，在 FET 經常使用源極接地放大電路。

這節提到的 FET 皆為 n 通道類型，而 p 通道類型的電壓、電流方向相反，圖形符號的箭頭也會反過來。正好對應雙極電晶體 npn 型和 pnp 型的差異。

不管是哪種 FET，n 通道和 p 通道僅電壓、電流方向改變，閘極（G）、汲極（D）、源極（S）的功能相同。

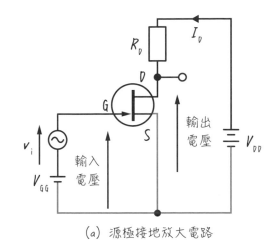

(a) 源極接地放大電路

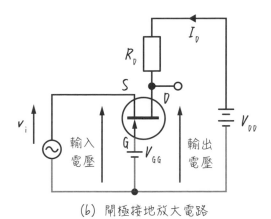

(b) 閘極接地放大電路

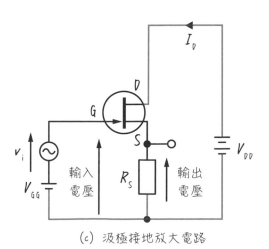

(c) 汲極接地放大電路

圖 **8.2.2**：**FET** 的三種基本放大電路

8-3 ▶ 接合型與空乏型 MOS 的偏壓與動作點

～偏壓為負值～

 ▶【偏壓】
未流通電流施加負電壓。

由於閘極未流通電流，使得 FET 的偏壓操作非常簡單。首先，接合型和空乏型 MOS 的場合，因為是常開式，必須施加負偏差電壓。圖 8.2.2（a）的偏壓電路使用了固定電源，稱為固定偏壓電路。不過，需要兩個電源過於浪費，我們幾乎不使用固定偏壓電路。

FET 的偏壓電路多會使用如圖 8.3.1 的**自給偏壓電路**。巧妙利用閘極不流通電流，將閘極電阻 R_G〔Ω〕接地，由 R_G〔Ω〕沒有電流可知兩端的電壓相等。換言之，R_G〔Ω〕的兩端電壓為 0 V，由電路圖可知兩端電壓會是 V_{GS}〔V〕加上 V_S〔V〕：

$$V_{GS} + V_S = 0 \qquad 因此，V_{GS} = -V_S$$

因為 V_S〔V〕是正值[*1]，V_{GS}〔V〕會是施加負偏壓。圖 8.3.1（b）為如此設定的動作點（無訊號時的直流成分閘極電壓 V_{GSP}〔V〕和汲極電流 I_{DP}〔A〕）。根據歐姆定律可知 $V_S = R_S I_D$，所以源極電阻 R_S〔Ω〕為

$$R_S = \frac{V_S}{I_D} = -\frac{V_{GS}}{I_D} \quad \cdots\cdots (\bigstar)$$

源極電阻 R_S〔Ω〕相當於雙極電晶體的安定電阻（參見 **7-13**）。為了提升電路的穩定性，提高源極電阻 R_S〔Ω〕時，由式（★）可知圖 8.3.1 電路中的汲極電流 I_D〔mA〕會變小，所以使用 R_S〔Ω〕時會採用如圖 8.3.2 的電路。V_G〔V〕的電位取決於**分洩電阻** R_1〔Ω〕、R_2〔Ω〕[*2]，數學式為

---

*1 汲極電流必定從源極流向接地，所以 V_S〔V〕為正值。

*2 與 **7-13** 介紹的電流回授電路分洩電阻的功能相同。

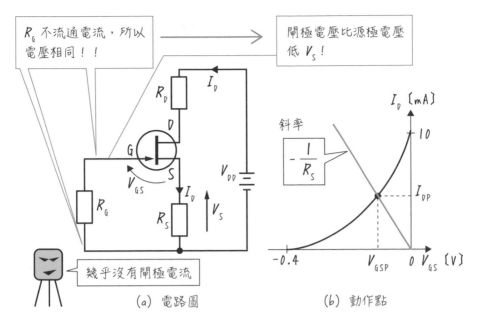

(a) 電路圖   (b) 動作點

圖 **8.3.1**：自給偏壓電路（直流成分）

$$V_\text{G} = \frac{R_1}{R_1 + R_2}\, V_\text{DD}$$

如此一來，源極電壓 V_S〔V〕會是

$$V_\text{S} = V_\text{G} - V_\text{GS} = \frac{R_1}{R_1 + R_2}\, V_\text{DD} - V_\text{GS}$$

能夠任意選取 R_1〔Ω〕、R_2〔Ω〕來調整。由歐姆定律可知

$$R_\text{S} = \frac{V_\text{S}}{I_\text{D}}$$

根據想要設定的 R_S〔Ω〕來選擇 R_1〔Ω〕、R_2〔Ω〕就行了。

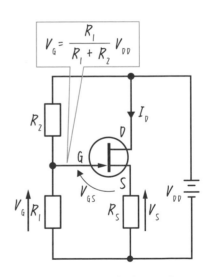

圖 **8.3.2**：想要提高 R_S 時

8-4 ▶ 增強型 MOS 的偏壓與動作點

～偏壓為正值～

 ▶【偏壓】
以分洩電阻設定為正值。

由於增強型 MOS 為常開式,必須將偏壓設定為正值。因此,會如圖 8.4.1 (a)以**分洩電阻** R_1〔Ω〕、R_2〔Ω〕將閘極電壓固定為

$$V_G = \frac{R_1}{R_1 + R_2} V_{DD}$$

此電路的源極沒有電阻,所以 V_G〔V〕直接等於 V_{GS}〔V〕,可由下式得到正偏壓:

$$V_{GS} = V_G = \frac{R_1}{R_1 + R_2} V_{DD}$$

圖 8.4.1(b)為如此設定的動作點。因為是偏壓為正的動作點,電路的動作與雙極電晶體稍微相似。汲極電阻 R_D〔Ω〕也與雙極電晶體集極電阻的功能相同。

另外,對於交流成分,分洩電阻會使輸入阻抗變大,所以必須使用 500 kΩ 到數 MΩ 大小的電阻。

圖 8.4.1 的分洩電阻使偏壓為正值,那麼為何 **8-3** 的分洩電阻會使偏壓為負值呢?圖 8.4.2 為引用圖 8.3.2 的電路圖(接合型 FET 的偏壓電路:常開式),電路圖有源極電阻 R_S〔Ω〕,但因汲極電阻使得 $V_G < V_S$,所以 V_{GS}〔V〕為負值。即便在剛輸入電源的階段為 $V_G > V_S$,V_{GS}〔V〕為正值,動作特性會大量流通汲極電流,使得 V_S〔V〕變大返回原本的 $V_G < V_S$。

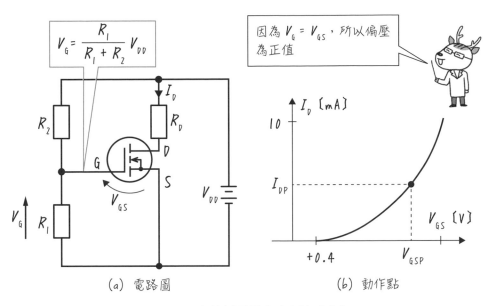

因為 $V_G = V_{GS}$，所以偏壓為正值

$$V_G = \frac{R_1}{R_1 + R_2} V_{DD}$$

(a) 電路圖　　　　(b) 動作點

圖 8.4.1：自給偏壓電路（直流成分）

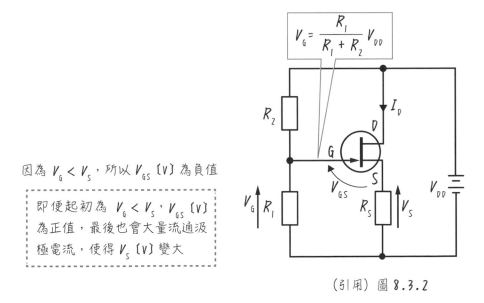

$$V_G = \frac{R_1}{R_1 + R_2} V_{DD}$$

因為 $V_G < V_S$，所以 V_{GS} 〔V〕為負值

即便起初為 $V_G < V_S$，V_{GS} 〔V〕為正值，最後也會大量流通汲極電流，使得 V_S 〔V〕變大

(引用) 圖 8.3.2

圖 8.4.2：R_S 使得 V_{GS} 為負值

8-5 ▶ 小訊號放大電路的等效電路
～比雙極電晶體更簡單～

❓ ▶【小訊號放大電路的等效電路求法】
做法與雙極電晶體相同。

圖 8.5.1（a）為使用 FET（接合型）的小訊號放大電路。這是在 **8-3** 學到的自給偏壓型電路，接上耦合電容器 C_1〔F〕、C_2〔F〕和旁路電容器 C_S〔F〕，向負載 R_o〔Ω〕提供放大的訊號。

這節會使用 **4-6** 學到的 FET 等效電路，來求輸入阻抗 Z_i〔Ω〕、輸出阻抗 Z_o〔Ω〕、電壓增益 A_v。做法與雙極電晶體，在 **7-15**、**7-16** 所學的相同。如圖 8.5.1（b），討論交流成分時讓電容器和電源短路，將 FET 換成以互導 g_m〔S〕表示的等效電路。（c）為（b）整理成容易解讀的電路圖。

由圖 8.5.1（c）的輸入側和輸出側，可知

　　輸入阻抗　$Z_i = R_G \mathbin{/\!/} r_g$

　　輸出阻抗　$Z_o = r_d \mathbin{/\!/} R_S \mathbin{/\!/} R_o$

> 符號「/ /」參見 **7-16** 的說明

FET 的輸入阻抗 r_g〔Ω〕本身非常大，但因為輸入訊號並聯閘極電阻 R_G〔Ω〕，為了保持作為自給偏壓導入的 R_G〔Ω〕為大輸入阻抗，會使用數 MΩ 大小的元件。

對於輸入電壓 v_i〔V〕，輸出側的阻抗流通 $g_m v_{gs} = g_m v_i$ 的電流 [1]，所以

$$v_o = Z_o g_m v_{gs} = (r_d \mathbin{/\!/} R_S \mathbin{/\!/} R_o) g_m v_i$$

電壓增益 A_v 如同下式。相較於電晶體的等效電路，求法相當簡單。

$$A_v = \frac{v_o}{v_i} = \frac{Z_o g_m \cancel{v_i}}{\cancel{v_i}} = Z_o g_m = (r_d \mathbin{/\!/} R_S \mathbin{/\!/} R_o) g_m$$

---

*1　g_m 為電導（電阻的倒數），所以 $g_m v_{gs}$ 為表示電流的量。

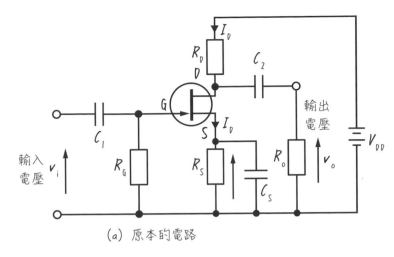

(a) 原本的電路

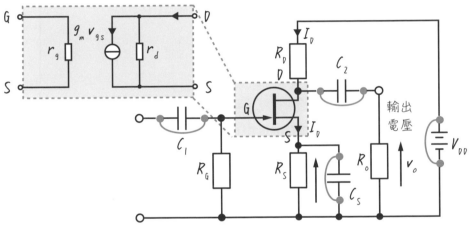

(b) 討論交流成分時，讓電容器和電源短路轉成等效電路

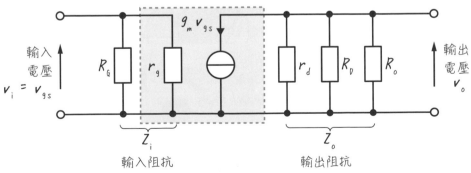

(c) 交流成分的等效電路

圖 8.5.1：小訊號放大電路（源極接地）

第 8 章　練習題

【1】 為什麼接合型 FET 和空乏型 MOSFET 的偏壓要為負值？

【2】 在 FET 放大電路，增加源極電阻時的優缺點為何？

練習題解答

【1】 因為動作為常開式，必須讓動作點移動至負值側。

提示　參見 **8-2**

【2】 優點：偏壓穩定。

提示　參見 **8-3**

缺點：需要分洩電阻，以免汲極電流變小。

提示　參見 **8-3**

COLUMN　電子電路高手！？

什麼樣的人可稱為電子電路高手呢？答案是……「能夠用最低成本設計電路的人」。如同前面的介紹，電子電路是由許多元件組合而成，元件的性能也形形色色。優秀的高手在設計相同性能的電子電路時，能夠以較少的必要元件數、低廉的成本完成電路。

當然，開發元件本身（組件）的人們，也是日新月異研發高性能的便宜元件。所謂的電子學高手，應該是那些能夠從市售元件中挑選最適合的零件，設計出合乎需求電路的人。

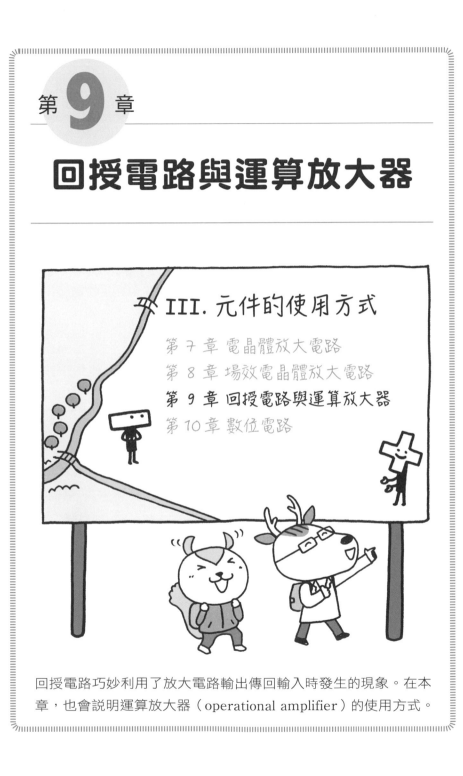

第**9**章

回授電路與運算放大器

回授電路巧妙利用了放大電路輸出傳回輸入時發生的現象。在本章，也會說明運算放大器（operational amplifier）的使用方式。

9-1 ▶ 反饋與負回授電路
～輸出訊號傳回輸入改善品質～

> **▶【回授電路】**
> 將輸出訊號傳回輸入端的電路。

圖 9.1.1 為一般放大器受到打雷等影響混入雜訊的情況。為了去除雜訊，我們會如圖 9.1.2 導入回授電路（feedback circuits），讓部分輸出訊號傳回輸入端。在回授電路中，將訊號逆向傳回的電路稱為**負回授電路**（negative feedback circuit）。因為訊號乘上負的倍率，所以稱為「負回授」。

其原理為放大器混入雜訊，（1）輸出端出現雜訊。（2）經由負回授電路，部分轉為逆向的波形傳回輸入端。（3）原輸入訊號與傳回訊號稍微相互抵銷，雜訊的部分也跟著減少。（4）放大後輸出端的雜訊減輕。相較於沒有回授電路的情況，減少雜訊會使整體的增益變小。換言之，減輕雜訊相對會縮小放大率[1]。

在這邊，（1）和（4）的訊號波形必須相同，但就短時間間隔來看，（1）→（2）→（3）→（4）的循環非常快速，（1）的訊號波形瞬間就會轉為（4）的訊號波形。換言之，人類耳朵能夠聽到的訊號，會在察覺不到的短時間內由（1）變為（4）的波形。

像這樣將輸出的訊息傳回輸入端的操作，稱為反饋（feedback）。不僅止電子學，反饋一詞也廣泛活用於商業、心理學、教育學的世界[2]。

除此之外，負回授電路還有下述特徵：

（1）減輕放大電路產生的雜訊、歪曲 ＝ 本節的說明。
（2）減少放大率並相對擴大頻寬 → 前往 **9-2**、**9-4**。
（3）穩定放大率對溫度、電源電壓的變動 → 前往 **9-3**。
（4）改變輸入阻抗、輸出阻抗 → 前往 **9-5**。

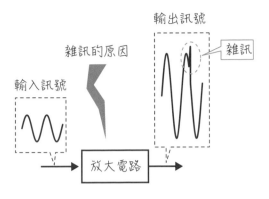

圖 9.1.1：放大器產生雜訊的情況

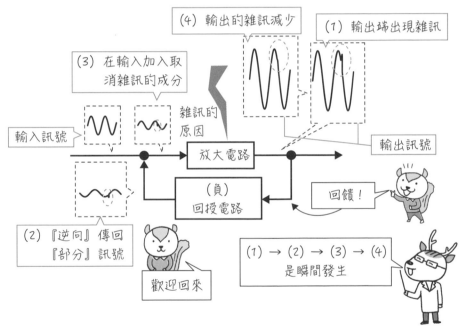

圖 9.1.2：透過負回授電路的反饋減輕雜訊

---

*1　如 **7-10** 所述，增益為放大率取 log，所以「放大率減少＝增益減少」、「放大率增加＝增益增加」成立。因此，其他的書籍多不以放大率，而是以增益說明本章的內容。然而，為了讓讀者更容易理解，本書採用放大率來說明。

*2　以 P（Plan：計畫）、D（Do：執行）、C（Check：檢核）、A（Action：行動）追求持續改善的 PDCA 循環最為有名。

9-2 ▶ 負回授電路的放大率
～負回授會減少放大率～

▶【負回授電路的放大率】

$$A_{vo} = \frac{A_v}{1 + A_v \beta}$$

這節來推求負回授電路的放大率。首先,試著求沒有負回授電路,如圖 9.2.1 放大電路直接連接輸入、輸出的放大率。已知放大電路的電壓放大率為 A_v,電流放大率和功率放大率也是相同的思維。假設輸入為 v_i、輸出為 v_o,輸入 v_i 放大 A_v 倍變成 $A_v v_i$,可知輸出為 $v_o = A_v v_i$。因此,整體電路的電壓放大率為 $A_v = v_o / v_i$。這邊僅有一個放大電路,此公式即為放大率的定義。

利用相同的方法,能夠求得圖 9.2.2 的負回授電路的放大率。同樣假設輸入為 v_i、輸出為 v_o,按照 **9-1** 的說明來推導。首先,(1)輸出 v_o 經由回授電路,(2)乘上 $-\beta$ 倍變成 $-\beta v_o$。表示輸出傳回多少的倍率 β,稱為**回授率**(feedback ratio)。(3)$-\beta v_o$ 和輸入 v_i 合成 $v_i - \beta v_o$,(4)經由放大電路放大 A_v 倍為 $A_v (v_i - \beta v_o)$。(4)循環一圈回到(1),所以下式成立:

$$A_v(v_i - \beta v_o) = v_o$$

將此式中的 v_o 視為未知數,求解一次方程式的解。拆掉左邊的括號

$$A_v v_i - A_v \beta v_o = v_o$$

左邊第 2 項的 $A_v \beta v_o$ 移到右邊

$$A_v v_i = v_o + A_v \beta v_o$$

將右邊的共同因子 v_o 提到括號外

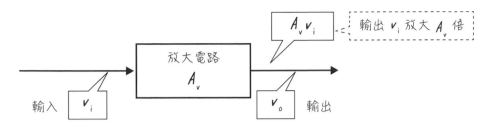

圖 9.2.1：一般放大器的放大率求法

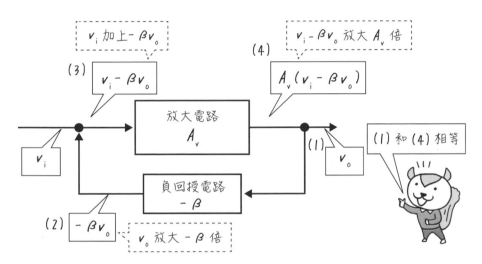

圖 9.2.2：負回授電路的放大率求法

$$A_v v_i = (1 + A_v \beta) v_o$$

兩邊同除以 $(1 + A_v \beta)$、對調左右邊

$$v_o = \frac{A_v v_i}{1 + A_v \beta}$$

由此可知，整個電路的放大率 A_{vo} 為

$$A_{vo} = \frac{v_o}{v_i} = \frac{\dfrac{A_v v_i}{1 + A_v \beta}}{v_i} = \frac{A_v}{1 + A_v \beta}$$

9-3 ▶ 負回授電路穩定放大率的理由

～因為使用了電阻～

? ▶【負回授電路穩定】

多虧電阻的幫助。

雖然負回授電路會減少整體電路的放大率、增益，但相對會增加對溫度、電源電壓的穩定性。這節就來說明其理由。

首先，因為輸出訊號為部分傳回，所以負回授電路的回授率 β 會是介於 0 到 1 的值，若 10% 傳回則 $\beta = 0.1$。而放大率 A_v 通常為 100、1000 左右的大數值。此時，整體電路的放大率 A_{vo} 公式為（參見 **9-2**）

$$A_{vo} = \frac{A_v}{1 + A_v\beta}$$

因為 A_v 是很大的數值，分母的 $A_v\beta$ 遠大於 1，所以假設 $A_v\beta$ 和 $1 + A_v\beta$ 的數值相差不多。如此一來，整體的放大率 A_{vo} 會是

$$A_{vo} \fallingdotseq \frac{A_v}{A_v\beta} = \frac{1}{\beta}$$

變成僅取決於回授率 β。

舉具體的數字來計算。若 $A_v = 1000$、$\beta = 0.1$，則 $A_v\beta = 100$、$1 + A_v\beta = 101$，整體電路的放大率會是 $A_{vo} = A_v / (1 + A_v\beta) = 1000 / 101 \fallingdotseq 9.9$。即便僅由回授率 β 計算，$A_{vo} \fallingdotseq 1 / \beta = 1 / 0.1 = 10$ 也與 9.9 幾乎相同。

由具體的計算可知，**負回授電路的放大率 A_{vo} 會小於原放大電路的放大率 A_v**。雖然放大率變小，但相對可獲得穩定性這項令人高興的性質。

如圖 9.3.1，放大電路是由電晶體等具有放大作用的元件負責，而負回授電路是僅由電阻將部分訊號傳回輸入端。雖然負回授電路名稱聽起來氣派，但裡頭僅有電阻而已。放大電路的放大率 A_v 會隨著電晶體的 h_{FE} 改變，而 h_{FE} 的數值參差不齊且會隨溫度大幅度變化（參見 **7-12**）。

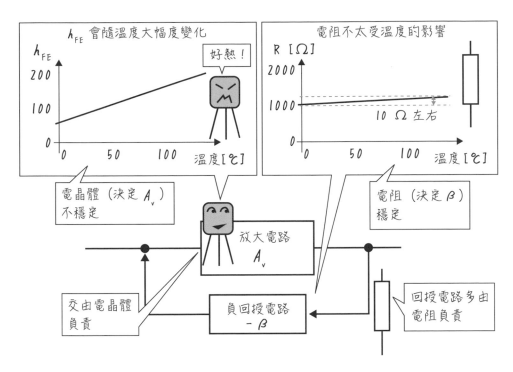

圖 **9.3.1**：電晶體的弱點與電阻的穩定性

另外，電壓放大率會因電源電壓變小，使得放大能力消失或者變小。換言之，放大電路的放大率 A_v 容易產生變動。另一方面，負回授電路的放大率 A_{vo} 幾乎僅取決於回授率 β。回授率 β 是由輸出傳回輸入的電阻值決定，所以不怎麼受溫度影響，也不會因電源電壓而變動。

比如，在室溫（約 $25℃$）到 $100℃$ 之間，電晶體的直流電流放大率 h_{FE} 通常會出現 2 倍左右的變動。而經常被使用的金屬皮膜電阻，$1\ k\Omega$ 的電阻僅有 $10\ \Omega$ 左右的變化。負回授電路使用不易受溫度、電源電壓影響的電阻，可增加整體放大率的穩定性。

9-4 ▶ 負回授電路擴大頻寬的理由
～因為放大率減少～

▶【頻寬】

減少放大率會擴大頻寬。

放大電路在低頻和高頻的放大率、增益會變小。從可放大的增益降低 3 dB（功率降低 $1/2$、電壓或者電流降低 $1/\sqrt{2}$ ）的頻率，一般稱為截止頻率（參見 **7-17**）。另外，下限和上限截止頻率的間距，稱為頻寬。放大電路的頻寬愈廣，性能愈好。

導入負回授電路，可降低增益並相對擴大頻寬。圖 9.4.1 為導入負回授電路，降低增益並擴大頻寬的情況。最上面的曲線是無負回授（$\beta = 0$）時的頻率特性，可知當回授的訊號量增加，頻寬會擴大。

接著，我們來決定回授訊號的量「**回授量**」。假設負回授電路的放大率為 A_{vo}，則負回授電路的增益為

$$G_{vo} = 20 \log_{10} A_{vo} \quad \cdots\cdots ①$$

又

$$A_{vo} = \frac{A_v}{1 + A_v \beta} \quad \cdots\cdots ②$$

式 ② 代入式 ①

$$G_{vo} = 20 \log_{10} \left(\frac{A_v}{1 + A_v \beta} \right)$$

將對數的除法拆解成相減 [*1]

$$G_{vo} = \underbrace{20 \log_{10} A_v}_{\parallel} - \underbrace{20 \log_{10}(1 + A_v \beta)}_{\parallel}$$

原放大電路的增益 G_v　　回授量 F

---

*1　參見 **7-10** 的式（3）。

置換後

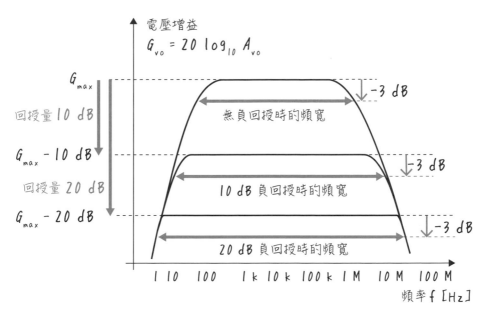

圖 **9.4.1**：以負回授改善頻率特性的情況

$$G_{vo} = G_v - F$$

變成兩數值相減。G_v 為原放大電路的增益、F 為**回授量**，表示傳回多少訊號的量。由最後的減法式子可知，導入負回授電路會使增益減少回授量 F。

增加負回授會降低增益、擴大頻寬。相反地，減少負回授會提高增益，縮小頻寬。

像這樣求得兩者其中一方，就能求得另一方的關係，稱為**互相抵換**（Trade-off）。

9-5 ▶ 負回授電路的輸出入阻抗
〜四種接法〜

❓▶【負回授電路的接法】

輸入側：串聯注入電壓、並聯注入電流。

輸出側：並聯傳回電壓、串聯傳回電流。

負回授電路的接法有下述四種：

（1）傳回電壓、注入電流（並聯回授輸出、並聯注入輸入）

（2）傳回電流、注入電流（串聯回授輸出、並聯注入輸入）

（3）傳回電壓、注入電壓（並聯回授輸出、串聯注入輸入）

（4）傳回電流、注入電壓（串聯回授輸出、串聯注入輸入）

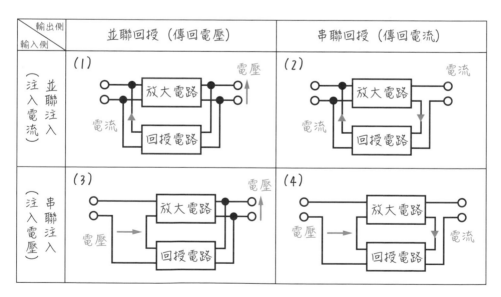

圖 9.5.1：負回授電路的四種接法

四種接法分別對應圖 9.5.1 的電路。輸入側並聯會注入電流，串聯會注入電壓；輸出側並聯會傳回電壓，串聯會傳回電流。

接著，討論負回授電路如何改變輸出入阻抗。圖 9.5.2 為將 3 Ω 和 6 Ω 的電阻（a）串聯、（b）並聯的示意圖。（a）串聯的場合，合成電阻增為 3 Ω ＋ 6 Ω ＝ 9 Ω；（b）並聯的場合，合成電阻減為（3 Ω × 6 Ω）／（3 Ω ＋ 6 Ω）＝ 18/9 Ω ＝ 2 Ω。

換言之，串聯連接電路的話，阻抗會增加；並聯連接電路的話，阻抗會減少。由此可知，負回授電路能夠如表 9.5.1 增減阻抗。

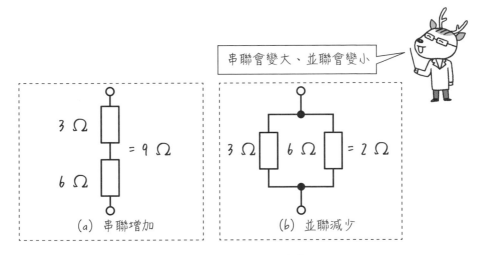

圖 **9.5.2**：阻抗的增減

表 **9.5.1**：透過負回授電路增減阻抗

	（1）	（2）	（3）	（4）
負回授電路的接法	輸出：並聯回授 輸入：並聯注入	輸出：串聯回授 輸入：並聯注入	輸出：並聯回授 輸入：串聯注入	輸出：串聯回授 輸入：串聯注入
輸出阻抗	減	增	減	增
輸入阻抗	減	減	增	增

9-6 ▶ 負回授電路的實際情況
～使用阻抗就行了～

> **?** ▶【負回授電路的作法】
>
> 使用電阻傳回。

這節來實際製作負回授電路。圖 9.6.1 是將 **7-15**、**7-16** 學到的小訊號放大電路，拿掉旁路電容器 C_E 的電路圖。C_E 拿掉後，就變成如 **7-13** 穩定的電流回授偏壓電路，對訊號成分形成負回授電路。具體來説，輸入訊號 v_i〔V〕會減去射極電阻 R_E〔Ω〕兩端的電壓 v_f〔V〕（f 是 feedback 的 f），輸入基極端，所以基極的輸入訊號為 $v_i - v_f$〔V〕。

對於輸出 v_o〔V〕僅傳回 v_f〔V〕的電壓，回授率為

$$\beta = v_f / v_o$$

根據歐姆定律，可知 $v_f = R_E\ i_e$。再來，如 **7-16** 的交流成分等效電路，將輸出側的阻抗統整為

$$R_{out} = \frac{1}{h_{oe}}\ /\!/\ R_C\ /\!/\ R_o$$

則 $v_0 = R_{out}\ i_c$。因此，回授率 β 為

$$\beta = v_f / v_o = R_E\ i_e / R_{out}\ i_c \fallingdotseq R_E / R_{out}$$

僅取決於電阻的比。這邊假設基極電流 i_b 很小，則 $i_e = i_b + i_c \fallingdotseq i_c$。如 **7-16** 所求，此電路沒有負回授時的電壓放大率 A_v 為（無視電壓回授率的最終結果）

$$A_v = \frac{h_{fe} R_{out}}{h_{ie}}$$

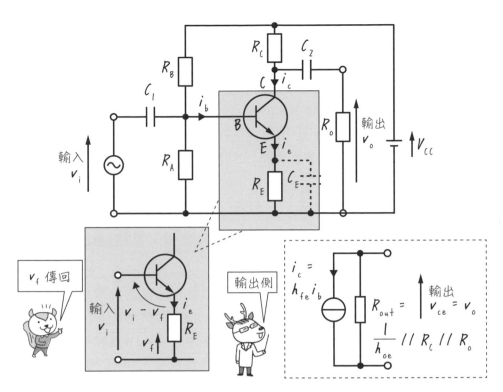

圖 9.6.1：僅拿掉旁路電容器，就傳回逆向電壓→負回授

由此可知，導入回授率 $\beta = R_E\,/\,R_{out}$ 的負回授電路時的電壓放大率為

$$A_{vo} = \frac{A_v}{1 + A_v\beta} = \frac{\dfrac{h_{fe}R_{out}}{h_{ie}}}{1 + \dfrac{h_{fe}R_{out}}{h_{ie}}\dfrac{R_E}{R_{out}}} = \frac{h_{fe}R_{out}}{h_{ie} + h_{fe}R_E}$$

$A_v\beta$ 遠大於 1，當 $A_{vo} \fallingdotseq 1/\beta$ 時

$$A_{vo} = \frac{1}{\beta} = \frac{R_{out}}{R_E}$$

電壓放大率僅取決於 R_E 和 R_{out} 的比，形成穩定的電路。

9-7 ▶ 正回授
～發生振盪～

> ▶【搞錯回授方向的話】
>
> 發生振盪。

前面學到了，負回授電路可透過逆向、負傳回訊號，達到減少雜訊、擴大頻寬、改變輸出入阻抗。而電子學中，還有以原相位傳回輸入端的**正回授電路**（positive feedback circuit）。

如圖 9.7.1，試著將輸出訊號以「同相位」傳回輸入端。首先，（1）輸出訊號進入正回授電路，（2）部分訊號以相同相位傳回。（3）與輸入訊號疊合，輸入訊號變大。（4）經由放大電路後，輸出訊號變得更大。（1）→（2）→（3）→（4）→（1）瞬間反覆循環，使得訊號無限變大。

當訊號變大到電源能夠供給的能力界限，訊號的大小便會穩定下來，幾乎不含輸入訊號的訊號會不斷在電路中循環。這樣的現象稱為**振盪**（oscillate），在電子學的世界，經常使用正回授電路來取得訊號源。用來獲得振盪的電路，稱為**振盪電路**（oscillator circuit），目前已經開發出許多振盪電路，但礙於篇幅上的限制，本書就省略相關説明。

負回授電路放大率的數學式為

$$A_{vo} = \frac{A_v}{1 + A_v\beta}$$

而正回授電路的放大率，僅需改變回授率 β 的正負號：

$$A_{vo} = \frac{A_v}{1 - A_v\beta} \ (\bigstar)$$

在此公式，如果分母的 $A_v\beta = 1$，則分母為零，放大率變成無限大。

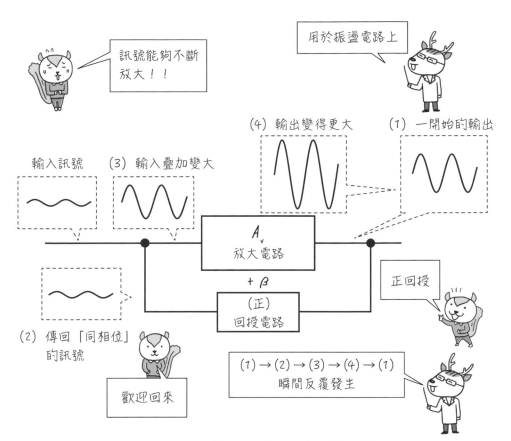

圖 9.7.1：正回授電路不斷放大訊號到其能力界限

實際上，訊號的大小取決於電源能夠供給的界限，振盪電路動作時，$A_v\beta = 1$ 會成立。在回授電路，放大率 A_v 乘上回授率 β 的 $A_v\beta$，一般稱為迴路增益（loop gain）。

9-8 ▶ 運算放大器
～即便是虛擬也沒關係～

▶【運算放大器】
追求各種理想所產生的裝置。

運算放大器（operational amplifier）是，追求理想的放大器所設計的裝置，其輸入阻抗為無限大、輸出阻抗為零、電壓放大率為無限大[1]。

光是說明如何設計運算放大器，就可以寫成一本書，所以這節僅學習運算放大器的使用方式。如圖 9.8.1（a），圖形符號是由**反相輸入端子**（inverting input terminal）、**非反相輸入端子**（non-inverting input terminal）和**輸出端子**組成。（b）為運算放大器的等效電路，實際動作時需要如圖 9.8.2 連接電源的端子。但是，這樣的電路圖過於繁雜，所以記載時大多省略連接電源的端子。運算放大器一般需要正負的電源（± V_{cc}〔V〕）。

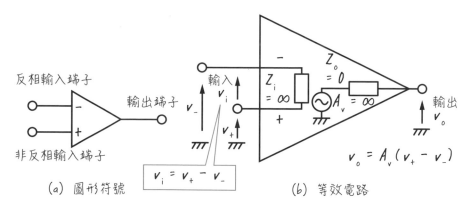

（a）圖形符號　　　　　　　（b）等效電路

圖 9.8.1：運算放大器

---

[1] 這到底僅是理想情況，實際販售的運算放大器產品，請想成輸入阻抗約 $10^{12}\Omega$、輸出阻抗約數 10Ω、電壓放大率約為 10^5。不過，這些數值僅能夠重現此單元說明的電路性質。

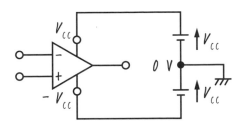

圖 **9.8.2**：驅動運算放大器需要電源

反相輸入端子會產生逆相位的輸出；非反相輸入端子會產生同相位的輸出。非反相輸入端子電壓 v_+〔V〕和反相輸入端子電壓 v_-〔V〕的差 v_+〔V〕$- v_-$〔V〕放大後，形成輸出 $v_o = A_v (v_+ - v_-)$。

運算放大器等放大輸入差值的放大器，稱為 **差動放大器**（differential amplifier）。即便輸入出現雜訊，只要兩個輸入存在相同的雜訊，相減後就會取消掉，具有抗雜訊的特徵。舉例來說，圖 9.8.3 為輸入端子（反相輸入端子和非反相輸入端子）出現雜訊成分 v_n〔V〕時的情況。反相輸入端子為 $v_- + v_n$〔V〕；非反相輸入端子為 $v_+ + v_n$〔V〕，但被放大的是兩訊號的差值 $v_i = (v_+ + v_n) - (v_- + v_n) = v_+ - v_-$，雜訊成分沒有放大，直接被取消掉。

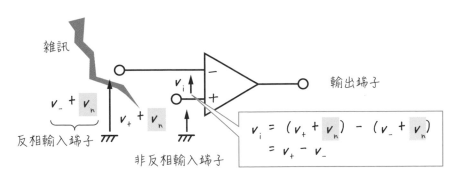

圖 **9.8.3**：差動放大器的運算放大器具有抗雜訊性質

實際使用運算放大器時，會製作負回授電路。圖 9.8.4 為反相放大電路、圖 9.8.5 為非反相放大電路，反相放大電路的輸入從反相輸入端子進入；非反相放大電路的輸入從非反相輸入端子進入，兩電路的負回授都是電阻 R_f〔Ω〕將輸出傳回反相輸入端子。

接著，我們來求圖 9.8.4 反相放大電路的電壓放大率 $A_{vo} = v_o / v_i$。

運算放大器的電壓放大率 A_v 為無限大（數值極大），將電壓放大率的公式 $v_o = A_v\,(\,v_+ - v_-\,)$ 變形為 $v_+ - v_- = v_o / A_v \doteqdot 0$，則 v_-〔V〕和 v_+〔V〕幾乎相等。反相輸入端子和非反相輸入端子可視為連接一塊（短路），稱為**虛擬短路**（virtual short）或者**假想短路** [2]。

假設電阻 R_s〔Ω〕流通的電流為 i_s〔A〕，因為輸入阻抗為無限大，運算放大器不流入電流，R_f〔Ω〕流過相同的電流 i_s〔A〕。由虛擬短路可知，反相輸入端子與接地的電位相同（0 V），所以 R_s〔Ω〕的電壓會等於 v_i〔V〕，根據歐姆定律

$$v_i = i_s R_s$$

同理，R_f〔Ω〕的電壓會是 v_o〔V〕，注意電流方向得

$$v_o = -i_s R_f$$

由此可知，電壓放大率會是

$$A_{vo} = v_o / v_i = (-i_s R_f) / (i_s R_s) = -R_f / R_s$$

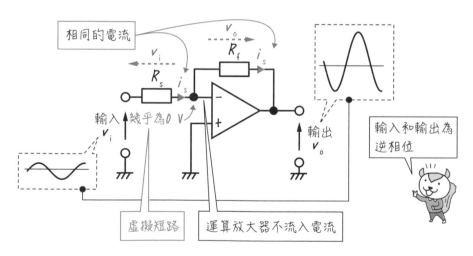

圖 **9.8.4**：反相放大電路

---

*2 在日文書籍中，virtual short 大多譯成假想短路（imaginary short），但就英文來説，虛擬是比較正確的表達。Virtual 意為「虛擬」，表示虛假卻接近實物的東西，比如虛擬貨幣、虛擬實境等。Imaginary 意為「假想」，用來形容比虛擬更不可能存在於現實中的東西。

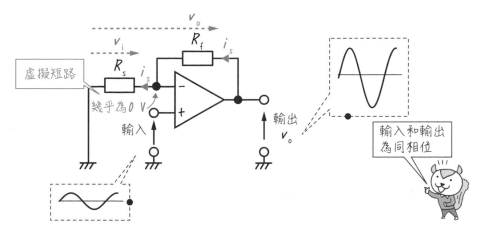

圖 **9.8.5**：非反相放大電路

可知電壓放大率取決於電阻的比 R_f ／ R_s。另外，由放大率為負值可知，會形成與輸入逆相位的輸出。

接著，我們來求圖 9.8.5 非反相放大電路的電壓放大率 $A_{vo} = v_o$ ／ v_i。假設電阻 R_s〔Ω〕流通的電流為 i_s〔A〕，跟前面一樣輸入阻抗為無限大，所以運算放大器不流入電流，R_f〔Ω〕流過相同的電流 i_s〔A〕。根據歐姆定律可知，R_s〔Ω〕兩端的電壓為 $R_s i_s$〔V〕；R_f〔Ω〕兩端的電壓為 $R_f i_s$〔V〕。仔細檢視電路圖，可看出兩電壓相恰好為輸出電壓，所以

$$v_o = (R_s + R_f) i_s$$

又由虛擬短路，輸入電壓 v_i〔V〕和 R_s〔Ω〕的電壓 $R_s i_s$〔V〕可視為相同，所以

$$v_i = R_s i_s$$

由此可知，電壓放大率會是

$$A_{vo} = v_o ／ v_i = (R_s + R_f) i_s ／ R_s i_s = 1 + \frac{R_f}{R_s}$$

取決於電阻的比 R_f ／ R_s。另外，由放大率為正值可知，會形成與輸入同相位的輸出。

9-9 ▶ 使用運算放大器相加
～變成混合器～

? ▶【運算放大器】

很久以前的計算機。

運算放大器如同其名,是能夠運算(演算)的裝置[1],取運算的放大器之意。除了加法、減法之外,運算放大器也可做微分、積分。許久以前,運算放大器常用於計算機中的類比電腦,但隨著數位電路的發展,目前已經很少用於計算上了。然而,運算放大器的電路簡單、適合各種應用,是非常便利的元件。下面就來舉例介紹加法電路。

加法電路(Adder circuit)是,相加複數輸入電壓再放大的電路。如圖 9.9.1,三個輸入電壓 v_1〔V〕、v_2〔V〕、v_3〔V〕分別通過三個電阻 R_1〔Ω〕、R_2〔Ω〕、R_3〔Ω〕輸入。反相輸入端子和非反相輸入端子想成虛擬短路,則反相輸入端子跟接地的電位相同,可知 R_1〔Ω〕的電壓為 v_1〔V〕、R_2〔Ω〕的電壓為 v_2〔V〕、R_3〔Ω〕的電壓為 v_3〔V〕。因此,根據歐姆定律,數學式為

$$i_1 = \frac{v_1}{R_1} \qquad i_2 = \frac{v_2}{R_2} \qquad i_3 = \frac{v_3}{R_3}$$

另一方面,由於輸入阻抗為無限大,電流 $i_s = i_1 + i_2 + i_3$ 不會流入運算放大器,全部會流過電阻 R_f〔Ω〕。另外,因為反相輸入端子虛擬短路,R_f〔Ω〕的電壓為輸出電壓 v_o〔V〕,注意電流的方向得

$$v_o = -R_f i_s = -R_f(i_1 + i_2 + i_3) = -R_f\left(\frac{v_1}{R_1} + \frac{v_2}{R_2} + \frac{v_3}{R_3}\right)$$

假設 R_1〔Ω〕、R_2〔Ω〕、R_3〔Ω〕全為相同值,則輸出會是 v_1〔V〕、v_2〔V〕、v_3〔V〕相加後再放大的訊號。或者,如圖 9.9.2 當作混合器,藉由調整

---

*1 英文是 operational amplifier。

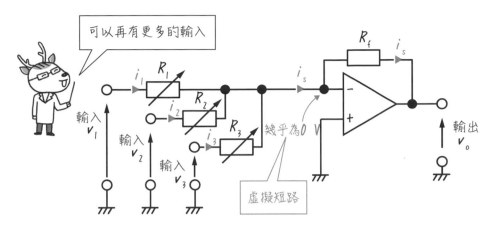

圖 9.9.1：使用運算放大器的加法電路

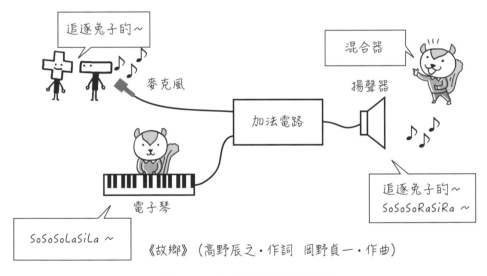

《故鄉》（高野辰之・作詞　岡野貞一・作曲）

圖 9.9.2：加法電路變成混合器

R_1〔Ω〕、R_2〔Ω〕、R_3〔Ω〕，以想要的比例混合各輸入 v_1〔V〕、v_2〔V〕、v_3〔V〕。

如同上述，運算放大器為簡單的電路，是適合各種應用的便利元件。除了加法器，還有電壓隨動器（voltage follower）、比較器（comparator）、微分器、積分器、主動濾波器（active filter）等眾多運用。

第 9 章　練習題

【1】為什麼負回授電路的放大率能夠抑制對溫度的變動？

練習題解答

【1】負回授電路的放大率，幾乎取決於回授電路的回授率。回授電路主要是由對溫度變化小的電阻構成，使得回授率的溫度變化小，負回授電路的放大率不易受溫度影響（參見 **9-3**）。

> ### ≡ COLUMN　麥克風發出尖銳的聲響
>
> 　　如圖所示，當麥克風捕捉到揚聲器的輸出，會發出「嗶——！」「唧——！」的尖銳聲響。這是稱為「嘯叫（howling）」的現象，表示正回授電路產生的振盪動作。麥克風捕捉到的細微雜訊，經由放大電路放大後，由揚聲器輸出的雜訊又再次經由麥克風放大。如此反覆循環達到放大器的極限，就會產生令人不快的聲響。
>
> 　　那麼，該怎麼防止嘯叫發生呢？答案很簡單，不讓揚聲器發出的聲音進入麥克風就行了。只要讓麥克風遠離揚聲器、麥克風不朝向揚聲器發出聲音的方向，就不易發生嘯叫現象。
>
>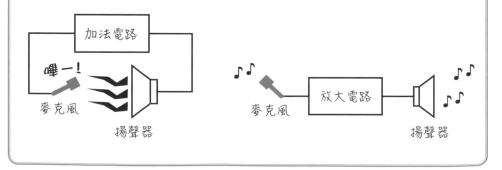

第10章

數位電路

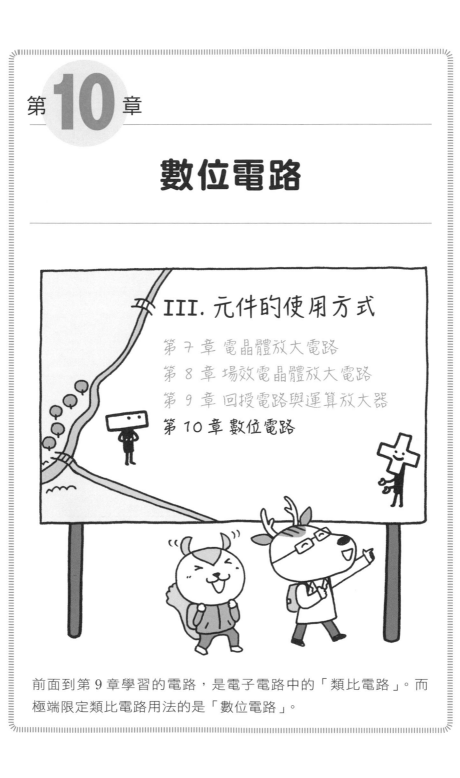

前面到第 9 章學習的電路,是電子電路中的「類比電路」。而極端限定類比電路用法的是「數位電路」。

10-1 ▶ 什麼是數位？

～數位是類比的極小一部分～

> ❓
> ▶【數位】　0 或 1 中間沒有其他數值。
> ▶【類比】　中間存在任意數值。

數位是限定訊號為 0 或 1 來利用的技術。相反地，沒有限定訊號的稱為類比。前面已經學習了類比的相關內容。

這邊舉 CD 和黑膠唱片為例，說明數位和類比的不同。

圖 10.1.1 的 CD，是在圓盤上刻畫了凹凸，凸出對應 1、凹陷對應 0 的訊號。以 LED 照射紅外線後，反射光會根據凹凸變化，再由光電二極體（PD：參見第 5 章）讀取其變化。

另一方面，圖 10.1.2 的黑膠唱片，是直接將聲音訊號的波形刻畫至圓盤。讓圓盤旋轉觸碰針頭，針頭根據訊號的大小振動，再由喇叭（horn）、電子電路放大該振動。

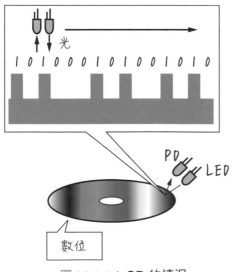

圖 **10.1.1**：CD 的情況

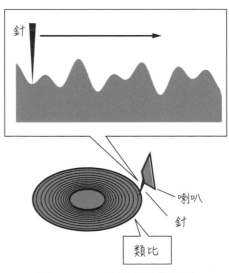

圖 **10.1.2**：黑膠唱片的情況

相對於數位訊號限定為 0 或 1，類比的訊號種類沒有限制。圖 10.1.3 為兩者在電子電路上的差異。數位的場合，0 表示開關 OFF 的不通電狀態；1 表示開關 ON 的通電狀態。類比的場合，可調整電阻（或者電子電路）讓燈泡發出各種亮度。

觀看圖 10.1.3 的比較，數位可視為類比的極小一部分。數位僅有類比電阻非常大、燈泡不亮的狀態，與電阻為零、燈泡最亮的狀態。藉由僅使用類比的一小部分，數位具有明確區別訊號、便利等優點。

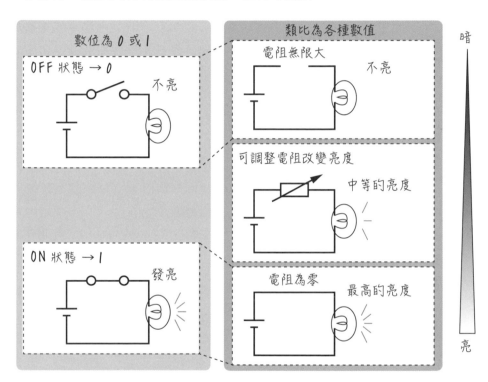

圖 **10.1.3**：**數位和類比**

10-2 ▶ 數位的計數
～二進位的世界～

> **?** ▶【數位】
> 基本上採取二進位。

數位表示訊號的數字僅有 0 和 1。然而，但我們平常使用的數字 1192、184 等，裡頭存在各種數字。

我們平常使用的數字為**十進位**（decade），能用「0、1、2、3、4、5、6、7、8、9」十種數字組合計數。從 0、1、2、…數到 9 會用盡十種數字，然後進位到十位，9 的下一個數為 10。同理，99 的下一個數為 100、999 的下一個數為 1000，無論多麼大的數都能夠表記。

另一方面，數位使用的數字僅有 0 和 1 兩種。因此，0 的下一個數是 1，再下一個數會進位為 10，接著下一個數是 11，再下一個數會進位為 100。像這樣以 0 和 1 兩種數字計數的方法，稱為**二進位**。表 10.2.1 為十進位和二進位的對應。

然後，為了防止混淆，十進位的 100 唸作「一百」，而二進位的 100 會唸作「一、零、零」。另外，想要明確表達二進位時，有時會像 $(100)_2$ 下標二進位的 2。如此一來，可如下表記：

$(100)_2 = (4)_{10}$ ← 意為「二進位的 100 等同十進位的 4」

如同上述，即便是僅有 0 和 1 的訊號，也能用二進位對應我們日常使用的數來計數。表 10.2.1 的「數位電路」縱列，即為以數位電路描述的情況。燈泡不亮的狀態為 0、發亮的狀態為 1，而數字的位數對應燈泡數。如同這邊的燈泡數表示使用多少位數，數位電路是以 **bit**（位元）作為單位。

表 10.2.1：十進位、二進位、數位電路的對應

如表 10.2.1 右側的藍色文字，1 bit 能夠表示 0 和 1 的兩種數；2 bit 能夠表示 0 到 3 的四種數；3 bit 能夠表示 0 到 7 的八種數；4 bit 能夠表示 0 到 15 的十六種數。一般來說，n bit 能夠表示 0 到 $2^n - 1$ 的 2^n 種數。

有一種說法是人類兩隻手共有十根手指，所以日常生活才使用十進位。而數位電路的場合，是以 0（OFF）和 1（ON）兩種數字計數，所以才使用二進位。松鼠單手有四根指頭，兩手共有八根，牠們可能是使用八進位吧。

10-3 ▶ 數位與類比的轉換
~細瑣切割~

▶【AD 轉換】　類比轉為數位。

▶【DA 轉換】　數位轉為類比。

將類比訊號轉為數位訊號的過程，稱為 **AD 轉換**；將數位訊號轉為類比訊號的過程，稱為 **DA 轉換**。圖 10.3.1 到圖 10.3.2 是進行 AD 轉換；圖 10.3.2 到圖 10.3.3 是進行 DA 轉換。

圖 10.3.1 是頻率 523 Hz 的聲響（接近高音譜號中央的 Do 音），最大值為 10 V 的正弦波交流類比訊號。試著將此聲響轉為 2 bit 的數位訊號。

如表 10.2.1，2 bit 可表示 0、1、10、11 四種狀態。為了統整成兩位數字，記為 00、01、10、11。將圖 10.3.1 的類比訊號四等分，讓 00 對應-9 V、01 對應-3 V、10 對應＋3 V、11 對應＋9 V。然後，每 0.5 ms 讀取最接近的數位值，比如 0.0 ms 為 10、0.5 ms 為 11、1.0 ms 為 01，數位值的排列即為圖 10.3.2 的波形。

圖 10.3.3 是根據得到的數位值，DA 轉換回原來的波形。因為僅有四等分，還原的波形顯得稜稜角角。像這樣因分割數不足造成的雜訊，稱為**量子化雜訊**（quantization noise）。為了降低量子化雜訊的產生，縱向切割（量化位元數）和橫向切割（取樣頻率）必須極為細瑣。

CD 會設計成可充分重現人耳能夠聽到的頻率範圍，縱向切割成 16 bit（分成 2^{16}=65536 條）、橫向切割成 44.1 kHz（每條分割為 0.0227 ms）（圖 10.3.4）。

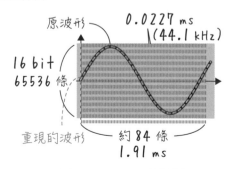

圖 **10.3.4**：CD 的情況

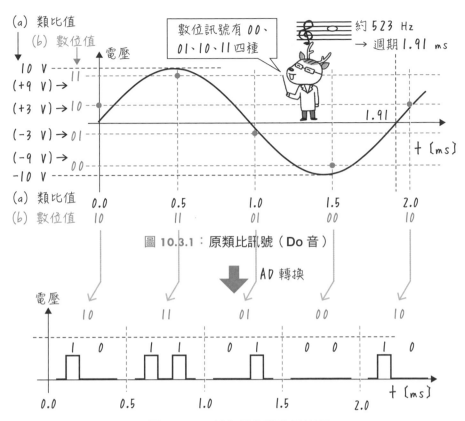

圖 10.3.1：原類比訊號（**Do** 音）

AD 轉換

圖 10.3.2：轉為數位訊號的波形

DA 轉換

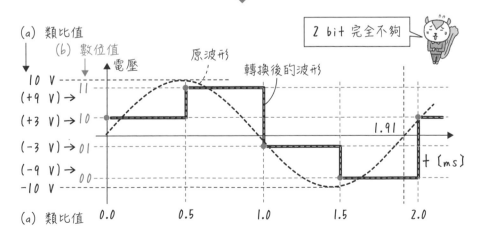

圖 10.3.3：還原成類比訊號的波形

10-4 ▶ 邏輯電路的基本元件
～不知道內部結構也沒關係～

▶【邏輯電路】

AND：兩者＝乘法。

OR ：或者＝加法。

NOT：否定。

數位訊號能夠進行乘法、加法等運算。僅處理數位訊號的電路，稱為**邏輯電路**（logic circuit）。構成邏輯電路的基本元件，有 **AND** 電路、**OR** 電路、**NOT** 電路三種。內部結構會在後面説明，這節先來理解三種電路的功能。

圖 10.4.1 的 AND 電路有 A 和 B 兩輸入，輸出為輸入相乘 $A \cdot B$ 的值。因為僅於 A 和 B 皆為 1 時，輸出才會為 1，所以稱為「AND」電路。在電路上，相當於開關 A 和 B 串聯連接。統整輸入和輸出關係的圖表，稱為**真值表**（truth table）。

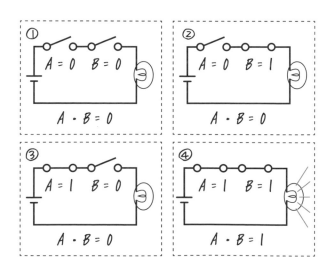

圖 **10.4.1**：**AND** 電路的功能

圖 10.4.2 是 OR 電路，輸出為輸入相加 $A + B$ 的值。因為 A 或 B 其中一個為 1 時，輸出就會為 1，所以稱為「OR」電路。在電路上，相當於開關 A 和 B 並聯連接。其中，當輸入兩者皆為 1 時，十進位會是 $1 + 1 = 2$、二進位會是兩位數 $(10)_2$，由於輸出端子僅有一個，輸出結果為最高位的 1。就電路的角度來看，輸出為 1 也沒有問題。

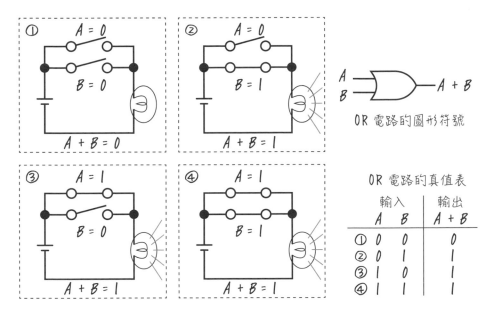

圖 10.4.2：OR 電路的功能

NOT 電路是輸出與輸入相反的訊號，輸入為 0 時輸出 1；輸入為 1 時輸出 0。在電路上，可想成按下為 OFF、放開為 ON 的開關。

另外，邏輯電路的圖形符號是使用 MIL 符號。雖然在法令中是使用另一種 JIS 符號，但習慣上多為使用 MIL 符號，所以本書也採用 MIL 符號。

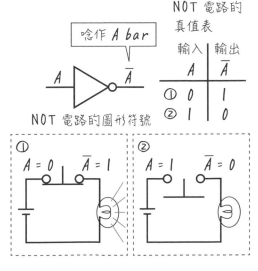

圖 10.4.3：NOT 電路的功能

10-5 ▶ 布林代數
〜非常簡單〜

> **？▶【布林代數】**
> 僅有 **0** 和 **1** 的數學。

布林教授（George Boolean）發明的**布林代數**（Boolean algebra）是一種只處理 0 和 1 兩個數字、非常便於描述數位電路的數學。雖然相關的公式繁多，但讀完本章後，大部分的式子都能夠自己推導。

比如「$A + A = A$」這條公式，只要注意布林代數的文字數值僅有 0 或 1，以及 **10-4** OR 電路學到的 $1 + 1 = 1$，討論 A = 0 和 A = 1 的情況，馬上就能理解公式是正確的。

$A = 1$ 時：$A + A = 1 + 1 = 1 \leftarrow$ 這等於 A 值
$A = 0$ 時：$A + A = 0 + 0 = 0 \leftarrow$ 這等於 A 值

上面證明了公式是正確的。下一頁列出六條具有代表性的公式，請試著證明正不正確。稍微講解困難的 3.、5.、6. 公式。

先來說明 3. 的 $A + \overline{A} = 1$。

$A = 1$ 時：$A + \overline{A} = 1 + 0 = 1 \leftarrow$ 等於 1
$A = 0$ 時：$A + \overline{A} = 0 + 1 = 1 \leftarrow$ 等於 1

因此，$A + \overline{A} = 1$ 是正確的。

接著說明 5. 的 $A + A \cdot B = A$。

$A = 1$ 時：$A + A \cdot B = 1 + 1 \cdot B = 1 + B = 1 \leftarrow$ 等於 A
$A = 0$ 時：$A + A \cdot B = 0 + 0 \cdot B = 0 \leftarrow$ 等於 A

因此，$A + A \cdot B = A$。上面使用 A 值來確認，但也可用 B 值來證明：

$B = 1$ 時：$A + A \cdot B = A + A \cdot 1 = A + A = A \leftarrow$ 等於 A
$B = 0$ 時：$A + A \cdot B = A + A \cdot 0 = A + 0 = A \leftarrow$ 等於 A

具有代表性的布林代數公式

1. 相加、相乘的順序調換，也會是相同的結果
（這和普通的文字式運算一樣）

$$A + B = B + A \quad A \cdot B = B \cdot A$$
$$A + (B + C) = (A + B) + C \quad A \cdot (B \cdot C) = (A \cdot B) \cdot C$$

2. 代入 0、1 的運算

$$A + 0 = A \quad A \cdot 0 = 0 \quad A + 1 = 1 \quad A \cdot 1 = A$$

（↑這邊出現布林代數的特徵）

3. 相同文字的運算

$$A + A = A \quad A \cdot A = A \quad A + \overline{A} = 1 \quad A \cdot \overline{A} = 0 \quad \overline{\overline{A}} = A$$

4. 拆掉括號的運算（分配律）
（這和普通的文字式運算一樣）

$$A \cdot (B + C) = A \cdot B + A \cdot C$$

5. 吸收律

$$A + A \cdot B = A \quad A \cdot (A + B) = A$$

6. 笛摩根定律（De Morgan law）

$$\overline{A + B} = \overline{A} \cdot \overline{B} \quad \overline{A \cdot B} = \overline{A} + \overline{B}$$

> 熟練到能自己推導 1. 到 6. 吧

這些公式也可用邏輯電路來描述。比如，前面「$A + A = A$」的公式，可如圖 10.5.1 表示成 OR 電路加上兩個同為 A 值的輸入。無論是 $A = 0$ 還是 $A = 1$，結果都會等於 A。

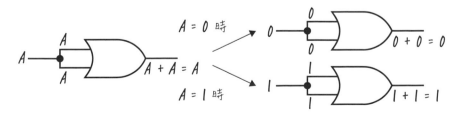

圖 **10.5.1**：以邏輯電路表示 $A + A = A$

10-6 ▶ 笛摩根定律
～寫成表格就行了～

> ? ▶【笛摩根定律】
>
> $$\overline{A + B} = \overline{A} \cdot \overline{B} \qquad \overline{A \cdot B} = \overline{A} + \overline{B}$$

將笛摩根定律整理成表格，有助於討論 A 和 B 的運算結果。

先來說明 $\overline{A + B} = \overline{A} \cdot \overline{B}$。表 10.6.1 為左式的運算結果；表 10.6.2 為右式的運算結果。首先計算左式，（1）列出 00、01、10、11 四種 A 和 B 的值，（2）計算 $A + B$。（3）反轉算出的 $A + B$ 值（0 變為 1、1 變為 0）得到 $\overline{A + B}$。接著，（4）右式同樣列出 A 和 B，（5）分別計算 $\overline{A}$ 和 $\overline{B}$。然後，（6）相乘求得 $\overline{A} \cdot \overline{B}$。表 10.6.1 的（3）與表 10.6.2 的（6），結果完全相同。

表 10.6.1：$\overline{A + B}$

	(1)		(2)	(3)
A	B	$A + B$	$\overline{A + B}$	
0	0	0	1	
0	1	1	0	
1	0	1	0	
1	1	1	0	

表 10.6.2：$\overline{A} \cdot \overline{B}$

	(4)	(5)		(6)
A	B	$\overline{A}$	$\overline{B}$	$\overline{A} \cdot \overline{B}$
0	0	1	1	1
0	1	1	0	0
1	0	0	1	0
1	1	0	0	0

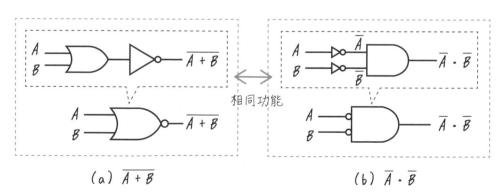

(a) $\overline{A + B}$ 相同功能 (b) $\overline{A} \cdot \overline{B}$

圖 10.6.1：$\overline{A + B} = \overline{A} \cdot \overline{B}$

換言之，$\overline{A + B} = \overline{A} \cdot \overline{B}$ 是正確的。右式是先做 NOT（否定）再做 AND（相乘）。

圖 10.6.1 為以邏輯電路描述的示意圖，（a）是先做 OR（相加）再進入 NOT（否定）；（b）是先做 NOT（否定）再進入 AND（相加）。在邏輯電路，NOT 電路可直接以圓圈（〇）省略表記。另外，如（b）OR 電路的輸出側連接 NOT 的電路，稱為 **NOR 電路**（NOR = NOT + OR）。

接著，確認 $\overline{A \cdot B} = \overline{A} + \overline{B}$。同樣地，表 10.6.3 為左式的運算結果、表 10.6.4 為右式的運算結果。由真值表可知公式成立。圖 10.6.2 為以邏輯電路描述 $\overline{A \cdot B} = \overline{A} + \overline{B}$ 的示意圖，左式 $\overline{A \cdot B}$ 是 AND 電路的輸出側連接 NOT 的電路，稱為 **NAND 電路**（NAND = NOT + AND）。

表 **10.6.3**：$\overline{A \cdot B}$

(1)		(2)	(3)
A	B	$A \cdot B$	$\overline{A \cdot B}$
0	0	0	1
0	1	0	1
1	0	0	1
1	1	1	0

表 **10.6.4**：$\overline{A} + \overline{B}$

(4)		(5)		(6)
A	B	$\overline{A}$	$\overline{B}$	$\overline{A} + \overline{B}$
0	0	1	1	1
0	1	1	0	1
1	0	0	1	1
1	1	0	0	0

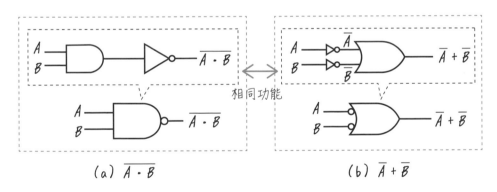

相同功能

(a) $\overline{A \cdot B}$ (b) $\overline{A} + \overline{B}$

圖 **10.6.2**：$\overline{A \cdot B} = \overline{A} + \overline{B}$

10-7 ▶ 萬用的邏輯電路 NADN

～ NAND 能夠變成各種電路～

> ▶【NAND 電路】
>
> 適當組合能夠作成各種基本元件。

10-4 介紹了 AND、OR、NOT 等基本電路,但其實僅 **10-6** 的 NAND 電路就能組合做出這三種電路。圖 10.7.1 為 NAND 電路的圖形符號與真值表。

如圖 10.7.2,NAND 電路連接兩同為 A 的輸入,得到 $A \cdot A$ 做 NOT 的 $\overline{A \cdot A}$,但因 $A \cdot A = A$(**10-5** 的公式 3.)所以輸出為 $\overline{A}$。換言之,作成了 NOT 電路。由真值表應該也能看出來才對。

圖 10.7.3 為 AND 電路的製作方法。NAND 電路的輸出再連接一次(以 NAND 電路作成的)NOT 電路反轉,就能得到 AND 電路的輸出。

圖 10.7.4 為 OR 電路的製作方法。這需要巧妙使用笛摩根定律,先將 A 和 B 分別連接(以 NAND 電路作成的)NOT 電路反轉得到 $\overline{A}$ 和 $\overline{B}$,經過 NAND 得到 $\overline{\overline{A} \cdot \overline{B}}$,再根據笛摩根定律 $\overline{\overline{A} \cdot \overline{B}} = \overline{\overline{A}} + \overline{\overline{B}}$ 轉為下式,輸出便會是 OR 電路。

$$\overline{\overline{A} \cdot \overline{B}} = \overline{\overline{A}} + \overline{\overline{B}} = A + B$$

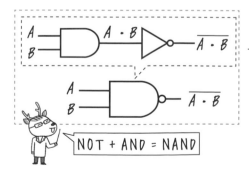

A	B	$A \cdot B$	$\overline{A \cdot B}$
0	0	0	1
0	1	0	1
1	0	0	1
1	1	1	0

NAND 電路的真值表

NOT + AND = NAND

圖 10.7.1:**NAND 電路與真值表**

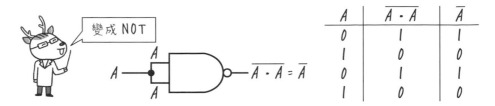

A	$\overline{A \cdot A}$	$\overline{A}$
0	1	1
1	0	0
0	1	1
1	0	0

圖 **10.7.2**：以 **NAND** 電路作成 **NOT** 電路

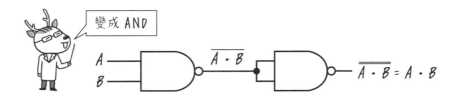

圖 **10.7.3**：以 **NAND** 電路作成 **AND** 電路

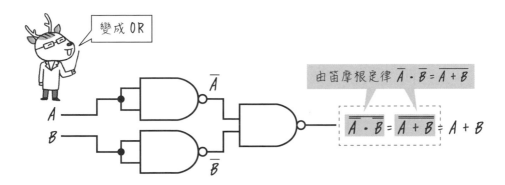

圖 **10.7.4**：以 **NAND** 電路作成 **OR** 電路

各位讀者理解了 NAND 電路能夠作成 NOR 電路之後，同理，NOR 電路組合後，也能夠作成所有基本電路（OR、AND、NOT）。實際上，NAND 電路、NOR 電路是以 CMOS 半導體（參見 **10-10**）作成。我們會根據 CMOS 在構造上哪種比較容易製作、特性比較優異，來決定製成 NAND 還是 NOR。

10-8 ▶ 邏輯電路與真值表

～「邏輯電路」⇔「真值表」的轉換步驟～

? ▶【邏輯電路→真值表】

用式子來推導。

根據 **10-6** 的笛摩根定律,畫出表格作成真值表。製作時可用式子幫助理解,或者以布林代數轉為簡單的形式。圖 10.8.1 是 **XOR 電路**(Exclusive OR 電路),稍微複雜的電路示意圖。如圖 10.8.1,不是一下跳到最終輸出,而是依序推導各運算子的輸出。將 A 和 B 的值代入最後推得的 $\overline{A} \cdot B + A \cdot \overline{B}$,就能計算各輸入對應的輸出值。比如,$A = 0$、$B = 0$ 時,輸出為 $\overline{A} \cdot B + A \cdot \overline{B} = 1 \cdot 0 + 0 \cdot 1 = 0 + 0 = 0$。

當然,作成真值表也會得到相同的結果。表 10.8.1 為(1)列出 A 和 B 的值,(2)分別運算 $\overline{A}$ 和 $\overline{B}$,(3)求出 $\overline{A} \cdot B$ 和(4) $A \cdot \overline{B}$,(5)相加得到輸出。

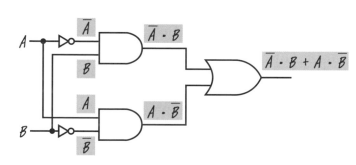

圖 **10.8.1**:調查 XOR 電路的真值表

表 **10.8.1**:XOR 電路的真值表

(1)		(2)		(3)	(4)	(5)
A	B	$\overline{A}$	$\overline{B}$	$\overline{A} \cdot B$	$A \cdot \overline{B}$	$\overline{A} \cdot B + A \cdot \overline{B}$
0	0	1	1	0	0	0
0	1	1	0	1	0	1
1	0	0	1	0	1	1
1	1	0	0	0	0	0

現在，要反過來討論由真值表作成邏輯電路的方法。表 10.8.2 是欲作成邏輯電路的真值表。表 10.8.3 為具體的方法，請注意輸出為 1 的地方。在輸出為 1 的橫行，於文字上畫出－（bar）讓「A・B」相乘為 1。比如，在 $A = 0$、$B = 1$ 的橫行（第二行），於 A 上面畫出－讓 $\overline{A} \cdot B = 1 \cdot 1 = 1$，輸出就會是 1。以第二行作成的 $\overline{A} \cdot B$ 稱為**基本積**（elementary product），由 AND 的運算為乘法可知，基本積包含輸出為 1 的 A 和 B 組合資訊。

相加真值表中所有基本積的邏輯式，包含了輸出為 1 的 A 和 B 組合資訊，即為該真值表的輸出。

由表 10.8.3 的基本積相加得到輸出為 B 的結果，可知邏輯電路與 A 無關，輸出會是 B。比較表 10.8.2 中 B 和輸出的值，也可看出結果會是圖 10.8.2。

表 **10.8.2**：欲作成邏輯電路的真值表

A	B	輸出
0	0	0
0	1	1
1	0	0
1	1	1

輸入　　　　　　　　輸出

A ——

B ———————— B

圖 **10.8.2**：求得的邏輯電路

表 **10.8.3**：欲作成邏輯式的求法

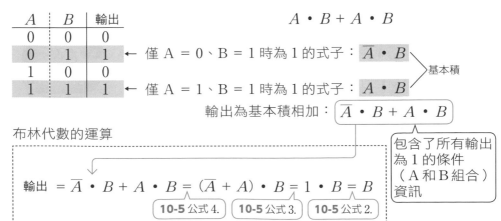

A	B	輸出
0	0	0
0	1	1	← 僅 A = 0、B = 1 時為 1 的式子：$\overline{A} \cdot B$
1	0	0
1	1	1	← 僅 A = 1、B = 1 時為 1 的式子：$A \cdot B$

$$A \cdot B + A \cdot B$$

基本積

輸出為基本積相加：$\overline{A} \cdot B + A \cdot B$

布林代數的運算

包含了所有輸出為 1 的條件（A 和 B 組合）資訊

$$輸出 = \overline{A} \cdot B + A \cdot B = (\overline{A} + A) \cdot B = 1 \cdot B = B$$

10-5 公式 4.　**10-5 公式 3.**　**10-5 公式 2.**

10 數位電路

10-9 ▶ 加法器
～需要許多 NAND 電路～

> ❓▶【加法器】
>
> 進行相加運算。

圖 10.9.1 為 **10-8** 中 XOR 電路的圖形符號。這是 XOR 電路計算機用來相加運算的基本元件。數位電路中做二進位加法的裝置，稱為**加法器**。

檢視 XOR 電路的真值表，可知 A 和 B 的值相同時輸出為 0，不同時輸出為 1。輸入互斥（彼此不混雜）時輸出為 1，這樣的輸出稱為**互斥邏輯和**（exclusive or），運算符號為＋加上 ◯。

接著，我們來討論怎麼以 XOR 電路做二進位加法。準備 A 和 B 兩個輸入記為 A ⊕ B，加法會是表 10.9.1 的四種。這邊的加法不是布林代數的加法（1 ＋ 1 ＝ 1），而是 **10-2** 所述的二進位加法。布林代數成立於邏輯電路，而二進位數由對應十進位數可知，能夠進行普通的加減乘除。換言之，二進位必須是 0 ＋ 0 ＝ 0、0 ＋ 1 ＝ 1、1 ＋ 0 ＝ 1、1 ＋ 1 ＝ 10[1]。

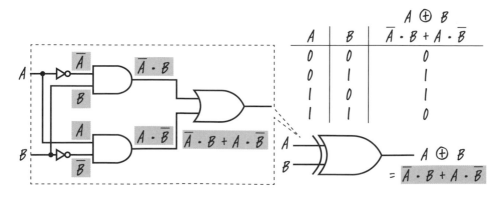

圖 **10.9.1**：**XOR** 電路的圖形符號

---

*1 認為「1 ＋ 1 ＝ 2」的人請回頭複習 **10-2**。

具體來説，準備 A 和 B 兩個輸入，則最大的輸出會是 1 + 1 = 10，輸出為 2 bit，也就是需要兩個輸出。請看表 10.9.1，$A + B$ 值的左邊第一位數值與 AND 電路相同，第二位數值與 XOR 電路相同。

由此可知，滿足表 10.9.1 的 2 bit 運算會是圖 10.9.2 的電路。左邊第一位數表示「進位」，需要輸入上位的計算機。然而，圖 10.9.2 未考慮下位進位傳送的運算，所以稱為**半加法器**（half adder）。而有考慮下位進位傳送的加法器，稱為**全加法器**（full adder）。詳細解説請參閱數位電路的專業書籍。

雖然圖 10.9.2 的電路看起來簡單，但原本是像圖 10.9.1 的電路，不容易僅用 NAND 電路製作。由這只是 2 bit 的加法，就可窺見製作計算機（電子計算機）的困難度。

表 **10.9.1**：**2 bit** 的加法

A	B	$A + B$	
0	0	0	0
0	1	0	1
1	0	0	1
1	1	1	0

注意不是以布林代數，而是用二進位運算

（左邊數來）

第二位數值是 XOR

第一位數值是 AND

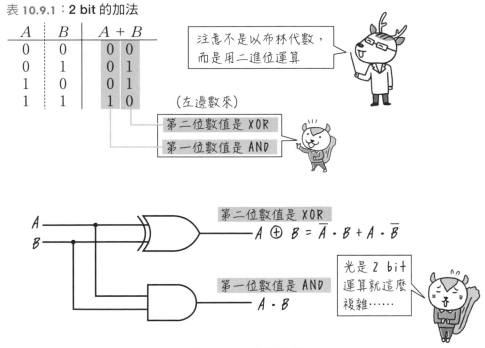

第二位數值是 XOR

$$A \oplus B = \overline{A} \cdot B + A \cdot \overline{B}$$

第一位數值是 AND

$$A \cdot B$$

光是 2 bit 運算就這麼複雜……

圖 **10.9.2**：半加法器

10-10 ▶ CMOS
～果然數位是類比的一小部分～

▶【CMOS】

由兩個 MOS 組成。

數位電路限定訊號為 0 或 1，使用 0 或 1 來記錄資料，具有即便 CD 等稍微有些損傷也能夠讀取資料（黑膠唱片損傷會出現雜訊）的優點。然而，將訊號轉換為 0 或 1（AD 轉換）、以邏輯電路運算等，到頭來還是得用類比電路進行。如 **10-1** 的説明，數位電路可説是將類比電路改成 ON 或 OFF 使用的極端情況。

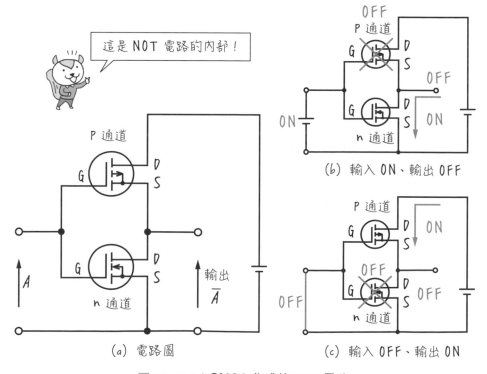

圖 **10.10.1**：CMOS 作成的 NOT 電路

這節來介紹 **CMOS**（Complementary-MOS）。MOS 是第 4 章解說的場效電晶體，前綴的 C 為 Complementary（意為「互補」）的字頭。MOS 分為 n 通道和 p 通道兩種，組合兩種 MOS 可以作成邏輯電路。

圖 10.10.1 是，組合 p 通道和 n 通道 MOS 作成 NOT 電路。對輸入施加電壓轉為 ON 狀態，則 n 通道動作、p 通道為 OFF 狀態，輸出接地為 OFF 狀態。相反地，若輸入接地，則 n 通道為 OFF 狀態、p 通道動作，輸出連接電源＋端子為 ON 狀態。

圖 10.10.2 是以 CMOS 作成 NAND 電路，對於兩輸入 A、B 輸出 $\overline{A \cdot B}$。

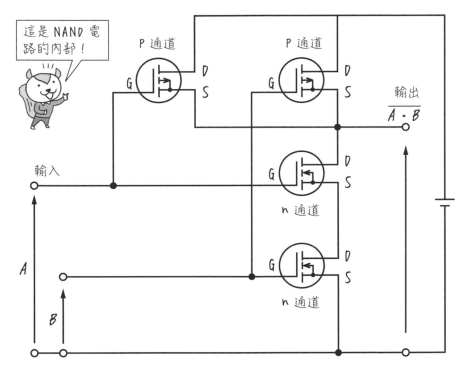

圖 **10.10.2**：**CMOS** 作成的 **NAND** 電路

第 10 章　練習題

〔1〕右圖邏輯電路會如何動作？

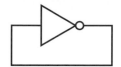

練習題解答

〔1〕發生振盪。因為不曉得此電路的輸入、輸出初期狀態是 0 還是 1，所以如下圖分成「〔A〕輸入 0 時」、「〔B〕輸入 1 時」來討論。首先，〔A〕（1）輸入 0 後，（2）經由 NOT 反轉輸出 1。因為輸出直接連接輸入，所以（3）輸入反轉為 1，變成〔B〕輸入 1 的狀態。在〔B〕，（1）輸入 1，（2）輸出變為 0，（3）輸入也變為 0，返回〔A〕的狀態。結果，不論初期狀態為〔A〕或者〔B〕，最後都會變成〔A〕、〔B〕狀態交替，交互輸出 0 和 1，形成振盪電路的動作。這是 **9-7** 學到的正回授電路的一種。

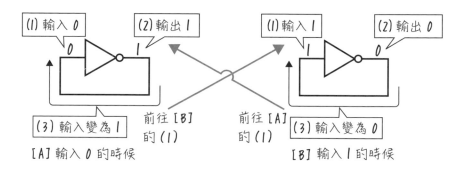

COLUMN　電子電路與人工智慧（AI）

　　人工智慧是以電腦程式重現人類智慧的技術。如何模仿、超越腦部功能的研究正如火如荼進行中，其成果之一的深度學習，是試圖以程式模仿人類腦神經功能的領域。而該程式是在由數位電路構成的電腦上執行，如果可以實現與人腦完全相同功能的人工智慧，也許就能做出完美模仿腦神經細胞傳遞訊號的電子電路。

結語

在本書開頭第 8 頁的「電路學與電子學的不同」中，舉了「線性」或者「非線性」的特徵。然而，其他作者、教授可能會如下這麼說明：

電路學的內容是電路上一般成立的基本事項，而電子學為「弱電」的領域，是用來處理控制數 mA 左右電流的具體電路（電晶體、FET 等）、高頻電路。

這樣理解並沒有錯誤，筆者也是如此學習過來的。相對於輸電、發電等「強電」，通訊、控制屬於「弱電」，電子學也被廣泛認為是弱電的一部分。

然而，使用半導體元件控制電車、輸電等強電世界中的裝置，近年來變得理所當然。換言之，電子學不再適合被視為弱電。

因此，筆者認為電子學的特徵應是「處理電壓與電流為**非線性**關係的領域」。到底來說會稱為「電子」學，正是巧妙使用半導體元件的「非線性」性質的緣故。半導體的「電子」在微觀世界中的性質，恰為電壓與電流展現的「非線性」性質。當然，電路學討論的電流也是電子的流動，但並未考慮微觀世界中的電子性質。電子學處理的內容，其實應該說是「電子性質於電路上展現的特性」。

在本書的執筆過程，獲得大學指導教員、研究室研究生多方的建言，秘書藤田真穗小姐、吉澤禮佳小姐、丸喬正宣先生的悉心調整，以及各位讀者的溫暖聲援與催促。

在此向各位相關人士表示感謝。

文科生也看得懂的電子電路學

作　　　者：山下明

裝　　　訂：Top Studio Corporation, Design-Room, 嶋健夫

文　　　字：Top Studio Corporation, Design-Room, 轟木亞紀子

圖書插圖/文字插圖：坂木浩子

譯　　　者：衛宮紘

企劃編輯：莊吳行世

文字編輯：江雅鈴

設計裝幀：張寶莉

發 行 人：廖文良

發 行 所：碁峰資訊股份有限公司

地　　　址：台北市南港區三重路 66 號 7 樓之 6

電　　　話：(02)2788-2408

傳　　　真：(02)8192-4433

網　　　站：www.gotop.com.tw

書　　　號：ACH022700

版　　　次：2020 年 03 月初版

　　　　　　2024 年 02 月初版七刷

建議售價：NT$450

國家圖書館出版品預行編目資料

文科生也看得懂的電子電路學 / 山下明原著；衛宮紘譯. -- 初
　　版. -- 臺北市：碁峰資訊, 2020.03
　　　面；　　公分
　　ISBN 978-986-502-447-5(平裝)
　　1.電子工程　2.電路
448.62　　　　　　　　　　　　　　　　　　109002676